Photoshop伴侣
日本PS达人的
7日速成攻略

[日] 设计实验室编辑部 编

李战军 周晓巍 朱继理 译

人民邮电出版社

北京

图书在版编目（CIP）数据

Photoshop伴侣：日本PS达人的7日速成攻略／设计
实验室编辑部编；李战军，周晓巍，朱继理译. -- 北京
：人民邮电出版社，2011.3
ISBN 978-7-115-24758-2

Ⅰ．①P… Ⅱ．①设… ②李… ③周… ④朱… Ⅲ．①
图形软件，Photoshop Ⅳ．①TP391.41

中国版本图书馆CIP数据核字(2011)第006411号

版 权 声 明

内容提要

本书是学习Photoshop图像处理技术的经典教程和学习手册。

全书分为基础篇和实践篇两部分。基础篇从Photoshop操作基础开始讲起，对选择技术、通道技术、图层技术、色彩管理技术、滤镜技术等内容进行了精练的介绍。实践篇讲解了20个经典案例，并通过案例对滤镜、图层样式、随机纹理、变形文字等功能做了全面、详细和深入的解析。本书的优势在于并没有简单地停留在功能描述上，而是通过实际案例对各种技术的原理进行了细致的分析和探讨。

本书的配套光盘包括书中所有案例的素材文件和最终效果文件。

本书适合广大图像处理爱好者以及有志于从事平面设计、插画设计、包装设计、网页制作、影视广告设计等领域工作的专业设计人员学习使用，同时也适合高等院校相关专业的学生和各类培训班的学员参考阅读。

Photoshop 伴侣 日本 PS 达人的 7 日速成攻略

◆ 编 [日]设计实验室编辑部
译 李战军 周晓巍 朱继理
责任编辑 孟 飞

◆ 人民邮电出版社出版发行 北京市崇文区夕照寺街 14 号
邮编 100061 电子函件 315@ptpress.com.cn
网址 http://www.ptpress.com.cn
北京画中画印刷有限公司印刷

◆ 开本：880×1230 1/16
印张：10
字数：424 千字 2011 年 3 月第 1 版
印数：1 - 4 000 册 2011 年 3 月北京第 1 次印刷
著作权合同登记号 图字：01-2010-1200 号

ISBN 978-7-115-24758-2
定价：49.00 元（附光盘）
读者服务热线：(010)67132705 印装质量热线：(010)67129223
反盗版热线：(010)67171154

基础篇
Basic Knowledge

Photoshop
Design Lab

目录
Contents

实践篇
Case Study

Photoshop
Design Lab

Photoshop

基础篇
Basic Knowledge

01
DAY
002
Photoshop
Basic Knowledge
Photoshop
Design Lab

关于数码图像

Photoshop是数码图像处理软件。为了更好地理解数码图像的最小单位"像素",首先说明一下什么是数码图像。

目前,很多领域已经开始进入数字(数码)化时代。例如,日本的电视将在2011年全部数字化,届时数字电视信号将完全取代地面模拟信号。

同时,在音乐市场上,以前的唱片也已被CD取代,甚至近年来,音乐文件本身已开始在网络上传播。

与此相仿,照片、图像的领域也因为数字化的到来而受益匪浅,从而产生了一些前所未有的变化。例如,图像加工、编辑后的劣化已不再是问题,作为商品、作品的图像可以以信息的方式在网络上传播。以前信息通过纸面媒介传播时,提供方只能按照一定的大小尺寸以硬拷贝的方式将信息提供给接收方;同样,接收方在利用信息时,也会在信息的大小以及数量方面受到一定的限制。

然而,当数字化成为主流后,上述问题将不复存在,信息的提供方和接收方都可以轻松地对图像进行修正、编辑,信息的管理变得更为方便。此外,在网络这一全新的信息载体出现后,数据本身的领域也不再受纸面的限制,从而使其获得了飞速的发展。这意味着在数字化的潮流下,具备信息制作、数据交流等专业知识的制作人员开始登上舞台,形成并推动一个全新的领域不断向前发展。

就本书介绍的Photoshop而言,它的出现使得一般的设计人员可以借助它轻松地对图像进行修正;而在以前,这是专业摄影师才能完成的工作。在这个意义上可以说,Photoshop开创了一个新的领域。

数码图像的简介

数码图像是一组计算机可处理的图像数据。无法用语言表达,也无法复制的图像信息经过数字化处理后,就可以与数字音乐、数字电视一样轻松地进行复制,并通过网络传输,然后进行加工。

数码图像由若干个像素(点)组合而成。图片和照片都是由像素构成的,因此它们都是数字化的数据,可以用相同的方法进行处理。

此外,数码图像与以前的照片有所不同,编辑时画质受到的影响很小。例如,在进行将图像中绿色部分全部改为红色的操作时,如果是数码图像,就只有相关像素的颜色发生改变,其他像素不受任何影响;而模拟照片只能在打印时通过过滤等操作进行颜色修正,因此绿色以外的部分也会受到光学影响,从而导致画质劣化。

02-01

将线条流畅、毫无颗粒感的照片(左图)放大后,可以发现它是由一个个小的像素构成的(右图)。这些像素的位置以及色彩都是确定的,因此在复制后不会出现任何劣化。

图 02-02 所示为10像素×10像素的位图,因此是100像素1"位"(2^1=2色)图像。

标准的数码图像有R(红)、G(绿)、B(蓝)3种颜色,每种颜色的色彩等级是8位(2^8=256个等级),因此共有1 677万色(红、绿、蓝3种颜色各有256个等级,即256^3=1 677万色)。在Photoshop和其他软件中,这种图像叫做"8位模式图像"。

此外,Photoshop还具有能显示16位(2^{16}=65 536色)、32位(2^{32}≈43亿色)色彩等级的模式。

Photoshop的"图像">"模式"菜单中备有大量的与色彩模式有关的选项,"位图"与"多通道"之间的命令用于设定作业时的色彩环境(色彩管理方式)。

02-02

上图中较为简单的图像可以转换成1A=白、2A=白……5B=黑等文字信息,这种将图像转换成不劣化信息的过程就是数字化。经过数字化后,用户可以对图像进行各种各样的编辑、加工,并且无论进行多少次编辑、加工,图像也不会出现劣化,此外,还能将完全相同的图像信息复制后发送至很远的地方。

图 02-03 中的"位图"与"多通道"之间的命令用于大致设定所处理色彩的幅度和种类。至于"8位/通道"与"32位/通道"之间的命令,只要知道它们在切换后,图像中可以使用的色彩数量会大幅度增加即可。不过,从"8位/通道"至"16位/通道",再至"32位/通道",无法使用的工具会依次增多。这是因为要处理的色彩数量增加后,图像中的信息量会变得过多,从而导致某些功能无法使用。

02-03

在Photoshop中,可以在"图像">"模式"菜单中更改色彩模式。

Photoshop基础

Photoshop具备的功能数不胜数，在学习各种功能之前，首先介绍一下Photoshop家族的历史及其主要功能。

Adobe Photoshop是Adobe公司最具代表性的图像处理软件之一，于1990年问世，第11代版本CS4为较新版本。目前，根据不同用途备有多个功能各不相同的子版本，包括带有3D图像编辑功能、动画制作功能、图像测定解析功能的Adobe Photoshop Extended，面向专业摄影师的Adobe Photoshop Lightroom，入门级的Adobe Photoshop Elements，以及主要用于家庭照片管理、打印等的Adobe Photoshop Album Mini。这些软件总称为Photoshop家族，目前都在市面上销售。

Photoshop是图像处理、数码图像及其打印等相关领域的世界标准，属于数码图像处理软件中的"图像修整软件"。

它的主要功能包括对照片等图像的色彩进行补偿、合成等，其中色彩管理功能尤为优秀，可以将图像数据的色彩管理信息变换为常用于显示器以及氯化银打印的RGB、面向出版业的CMYK，以及面向摄影师的Lab等色彩方式。此外，Photoshop还是第一款只需添加各种不同的插件就能扩大功能的软件，目前已推出很多非常优秀、易于使用的插件，并且这些插件在其他图像处理软件中也得到了广泛的使用。

Photoshop的版本确认窗口。

色彩模式包括"位图"、"灰度"、"双色调"、"索引颜色"、"RGB颜色"、"CMYK颜色"、"Lab颜色"、"多通道"等模式，此外，通道数包括8位、16位和32位。

滤镜功能是Photoshop最具代表性的功能之一，目前其他图形编辑软件也在使用这一功能。

Photoshop的主要功能

就图形编辑而言，Photoshop功能强大。下面介绍其中几种最具代表性的功能。

作为图像修整领域的世界标准，Photoshop在最初甚至不具备彩色图像的编辑功能。不过，随着版本的不断更新，其功能也日益强大，现在就连3D数据也能够处理。此外，即便增加了新功能，只要记住最基本的操作，新功能也非常易于掌握，这也是Photoshop的特点之一。

色彩补偿功能

Photoshop具有多种不同用途的色彩补偿功能。上图是使用Photoshop的"曲线"进行补偿的例子。

滤镜功能

Photoshop具有很多个滤镜，只需一个简单的操作就能给图像带来戏剧性的变化。上图是使用多个滤镜对照片进行修整的例子。

图层功能

Photoshop采用图层对图像进行分层管理，用户可以根据自己的喜好显示各种各样的效果。上图是通过多次使用图层功能将简单插图立体化的例子。

图像的种类及其特征

这里介绍数码图像的种类、文件形式及图像分辨率等特征，此外，还介绍其放大/缩小的算法。

矢量图形

Photoshop通过像素的集合来显示图像。除Photoshop等位图图像编辑软件外，还有一些软件属于矢量图形编辑软件。

Adobe Illustrator是具有代表性的矢量图形编辑软件。矢量图形与位图图像不同，它没有像素这一概念，图像本身通过PostScript等编程语言描绘而成，因此放大后画质不会出现任何改变。

图 04-01 和图 04-02 是通过矢量数据绘制而成的插图，全部由PostScript语言构成。

矢量图形。

矢量图形（轮廓）。

像素图

像素图通过像素（点）来绘制图像，图像的大小和密度由像素的数量决定。

像素图最大的优点在于无论使用哪种输出设备，都可以对看到的图像直接进行编辑。矢量图可以变换成像素图，但像素图无法转变成矢量图。（将矢量图转变为像素图叫做栅格化。）

处理图像时所需的"模糊"和"锐化"功能需要直接对像素进行运算，因此，可以说不是像素图就无法对图像进行"模糊"、"锐化"等运算处理。

矢量图转换成像素图。

放大以后可以看到像素。

PostScript

PostScript是Adobe公司开发的通过数学公式来准确记录印刷排版程序的编程语言。

由于在页面上的哪个位置绘制什么样的对象是作为程序来记录的，因此不管是放大、缩小还是变形，图像的品质都不会出现任何变化。

PostScript就好比大家熟悉的用于描述Web页面的HTML语言，目前它已被广泛应用于印刷领域。

与放大/缩小后品质不变相同，无论数据大小如何，图像都可以按照输出设备的最大分辨率输出，因此能够实现精确的输出。

同时，PostScript还能通过程序描述页面内采用的色彩管理信息、字体信息、分辨率极限值等用于防止印刷时起毛、扭曲、变形的信息，因此被广泛应用于对印刷质量要求较高的商业印刷领域。

此外，PostScript还具有文字排版位置不会出现偏差的特点，因此也被应用于在高等数学中制作含有数学记号的论文。

另外，Adobe公司推出的Illustrator、InDesign、Acrobat等印刷领域应用软件，也在其内部处理部分以及保存文件时生成的标准数据形式中采用了PostScript语言。

```
%!
% macro (draw rectangle) ; usage: left top width height RRECT
/RRECT { newpath 4 copy pop pop moveto dup 0 exch rlineto exch 0 rlineto
neg 0 exch rlineto closepath pop pop } def

100 100 100 100 RRECT
.5 setgray
fill

100 100 moveto
/Helvetica findfont
20 scalefont
setfont
.5 0 .5 0 setcmykcolor
(test string) show

showpage
```

PostScript采用Script语言来描述下图中的图表。

保存以上文本并在Illustrator中打开后，就会生成如左图所示的图像。

分辨率

分辨率是决定1平方英寸（或1平方厘米）内最多排列多少个像素的单位，用于确定图像的大小和清晰程度。

分辨率的单位多用dpi（Dot Per Inch），该单位表示1平方英寸的图像中存在多少个像素（点），有时也叫做ppi（Pixel Per Inch）。以下是通过图像尺寸计算像素数和通过像素数计算图像尺寸的公式。

尺寸（cm）÷2.54×分辨率=像素数

像素数÷分辨率×2.54=尺寸（cm）

例如，要绘制10cm×15cm、300dpi的图像，需要1 181像素×1 171像素的数据。而以300dpi的分辨率输出1 440像素×1 080像素的数据时，可以输出9.8cm×9.1cm的图像（见图 05-01）。

1 440像素的方形图像。

线数与分辨率

线数是胶版印刷等商业印刷中用来表示精细程度的单位。由于喷墨打印机等大部分的印刷机器都无法做到无间隙地排列像素，因此只能通过一种被称为网点的点的疏密程度来表示浓度。此时所用的每1个英寸的网点数量就叫做线数，其单位为线或者lpi（Line Per Inch）（见图 05-02）。网点通过点的疏密程度来表示浓度，因此需要较多的像素。一般胶版印刷多采用175lpi，因此在印刷时8位像素就需要350dpi的像素。2位像素原则上应变换成8位像素，但在需要直接以2位像素粘贴到Illustrator等软件中时，一般认为照片输出设备的最大分辨率以1 200dpi左右较为妥当。

喷墨打印机与胶版印刷一样，通过多个

细小的点的疏密程度来表示浓度。不过喷墨打印机以及激光打印机等可以根据数据的分辨率采用最佳方式绘制图像，因此无需在意分辨率，即能获得很好的印刷质量。

胶版印刷、喷墨打印机等通过点的疏密程度来表示浓度的印刷方式叫做面积色阶法，此外，还有一种方式叫做浓度色阶法。浓度色阶法与像素完全相同，通过印刷像素来规定其颜色和色阶，采用氯化银照片方式的打印机即属此类。使用浓度色阶方式可以原封不动地输出像素的状态。一般认为，在相同的分辨率下，氯化银打印与胶版印刷相比，具有3倍左右的色阶和信息量（见图 05-03）。

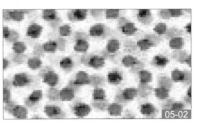

网点图像。

氯化银照片的放大图像。

像素补全方法

高清电视的画面相当于1 280像素×780像素，还有更高的能达到155万像素。专业数码单反相机中有些产品能达到5 616像素×3 744像素，即2 100万像素。如果将电视画面按照一般印刷机的分辨率印刷出来，其尺寸约为10cm×78cm，而专业数码单反相机（5 616像素×3 744像素）印刷出来的面积约为41cm×27cm。也就是说，要把高清电视的画面放大到与专业数码单反相机相同的尺寸，需要放大的倍数约为3.5倍，并且在放大时还要补全不足的像素，而不同的补充方法会使得画质出现不同的变化。

Photoshop中的补充方法大致可分为3种，用户可以根据需要选择其中一种。大多数情况下，选择"两次立方"可以获得画质良好的图像。

两次立方

这种方法不仅考虑各个像素本身，同时还根据周围像素的颜色以及浓度来进行补充，精度较高，并且亮度及色彩的层次感（Gradation）也基本不受影响，因此广泛应用

于各种场合。此外，两次立方中还包括"两次立方较平滑"、"两次立方较锐化"在内的3种选择，放大时选择"锐利"，缩小时选择"锐化"，可以获得更加良好的画质。

邻近

直接复制像素的方式对于图标等较小的图像以及亮度色彩没有变化的图片等，在将其直接放大/缩小时较为有效。但因为并不补充像素，因此一般不用于照片等图像。

两次线性

两次线性与两次立方相比精度稍差，但因为只将周围像素平均后进行补充，因此比两次立方的处理速度快。

在Photoshop不具备"两次立方较平滑"功能时，如果要对图像进行较大的放大（如放大至400%），一般需要将两次立方和两次线性组合起来使用，分两次放大后才能获得较好的结果。但在有了"两次立方较平滑"功能以后，两次线性基本上不再使用。

在Windows系统中，通过"编辑">"首选项">"常规"命令可以在打开的"首选项"对话框中变更上述像素补充方法的选择。此外，选择"图像">"图像大小"命令，然后在打开的对话框中选中"重定图像像素"复选框也能进行变更。默认状态下，像素补充方法为两次立方。

"首选项"对话框。

"图像大小"对话框。

色彩模式与输出环境

Photoshop可以适应多种色彩模式，下面对这些色彩模式及其输出环境进行讲解。

色彩模式

Photoshop具有对图像整体的色彩信息进行管理的功能，该功能叫做色彩模式，它可以对图像中所用颜色（光源）的管理方式以及可用的色彩数量最大值进行变更。例如，印刷机等商业印刷采用将CMYK的4种颜色墨水混合起来进行调色的方法，因此在制作此类图像时，需要将色彩模式设置为CMYK模式。另一方面，由于Web用GIF格式图片最多只能处理256色，因此需要将色彩模式设为索引颜色模式，以便将可用的最大颜色数量限制在256以内。也就是说，色彩模式功能可以根据每个图像的具体用途来选择最佳的色彩设置。

RGB模式与PC内部所用的色彩管理方式相同，并且是最适合于Photoshop中图像加工的模式，因此本书将详细说明采用RGB模式来编辑图像的方法。

色彩模式的种类

RGB模式

Photoshop的RGB模式几乎包括了人眼所能看到的全部颜色，并且在变换至其他模式后，画质所受的影响也非常小。

在RGB模式下，R（红）、G（绿）、B（蓝）可以分别使用0～255的强度值。

上述数值的依据是8位=256色阶，例如，表示灰色的值为（R:128, G:128, B:128），这是因为每种颜色的成分相等，因此混合之后没有彩色。此外，（R:0, G:0, B:0）为黑色，（R:255, G:255, B:255）为白色。

使用RGB模式时，初始设定状态下选择的是"8位/通道"模式，意思是每通道8位，因此每个像素为24位（3×8位），即能重现1 670万（256^3）种色彩。

RGB模式是Photoshop中最为常用的色彩模式，不过在不同的输出环境以及不同的显示器设定下，其重现的色彩有所差异。因此要想显示出理想的色彩，需要对显示器校正以及色彩校正进行设定。

CMYK模式

CMYK模式用于使用4色分解的胶版印刷以及使用油墨的印刷。在CMYK模式下，各色（青、品红、黄、黑）分配的值为0%～100%，其依据是胶版印刷中所用四色油墨的百分比值。纯白色（不印刷部分）的值为（C:0, M:0, Y:0, K:0）。

CMYK模式是在输入印刷数据等时使用的模式，不过，当使用的油墨、印刷机以及制版条件不同时，最后形成的色彩会有一定的差异。

Lab模式

Lab模式是将人眼可以识别的所有颜色范围数值化并予以指定的方法，它用0～100来表示亮度要素（L）。此外，绿色到红色的范围（a）以及蓝色到黄色的范围（b）可在−128～127之间设定。

Photoshop的Lab模式与RGB模式以及CMYK模式不同，它具有不依赖输出设备（包括显示器）的特性，因此叫做"设备无关色彩"。Photoshop内部的色彩运算、色彩变换基本是在Lab模式的基础上进行的，可以说充分利用了这一特性。

另外，由于在Lab模式下色彩要素与亮度要素是分离的，因此，在修整时可以只对a通道或b通道进行处理，这在其他模式下是无法实现的。

不过，从开始直至最后都使用Lab模式来编辑图像的情况一般是没有的。Lab模式的主要用途是辅助其他模式（基本上用于辅助RGB模式或者CMYK模式）。

灰度模式

灰度模式没有白色、黑色以外的其他色彩信息，只有亮度信息。切换至8～32位的各个模式后，灰度等级可以在256～43亿的数值之间指定，此外，还可以与CMYK模式一样，用0%～100%来表示。在图片修整中，灰度模式一般用于将纹理读入Photoshop。

位图模式

位图模式只能处理黑、白两种颜色，同时也没有亮度等级。

双色调模式

双色调模式在使用多个版制作灰度图像时使用。

该模式用于在胶版印刷中，使用1版～4版进行高品质单色印刷以及2色、3色彩色印刷。

索引颜色模式

索引颜色模式与色彩的亮度无关，最多可以使用256种颜色。因为图像品质不会下降，所以能以这种模式在仅输出至显示器或只在Web上使用时最为合适。

多通道模式

多通道模式对每个通道都使用0～255的灰度图像，适合于特种印刷。

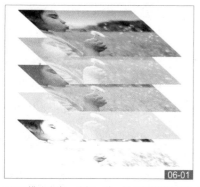

06-01

CMYK模式由青、品红、黄、黑4种印刷用颜色构成。

06-02

RGB模式由光的3原色（红、绿、蓝）构成。

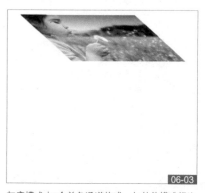

06-03

灰度模式由1个单色通道构成，与其他模式相比数据量较少。

CMYK、RGB以及输出时的色彩模式

Photoshop的初始设定为RGB模式，但在将图像输出用于胶版印刷时，有时要变换成CMYK模式。

胶版印刷

胶版印刷是商业印刷中常用的印刷方式，它使用CMYK（青、品红、黄、黑）油墨进行印刷。制作用于胶版印刷的图像时，一般需要事先将色彩模式变换为CMYK，并且删除色彩配置文件信息。

不过，现在由于印刷厂提供输出用色彩配置文件，因此，以RGB数据方式直接交稿的情况也越来越多。

喷墨打印

喷墨打印输出是家用打印机的主要印刷方式。这种方式在RGB模式下制作图像并直接输出，且能够实现高质量的打印。

胶版印刷与喷墨打印所用的油墨有所不同，与胶版印刷相比，喷墨打印能印刷的色彩范围更加广泛。使用喷墨打印时，

建议自始至终都使用RGB模式。

氯化银印刷

照片冲洗店、设计工作室等往往采用氯化银方式的打印。

与胶版印刷、喷墨打印所采用的面积色阶法不同，氯化银方式通过印刷时的点本身来表现其色彩与色阶，这种方法叫做浓度色阶法。由于氯化银方式下青、黄、品红的色素具有理想的分光特性，因此它被认为是色彩表现最为丰富的打印方式。

传统的胶版印刷

最新的胶版印刷

07-01

印刷方式。

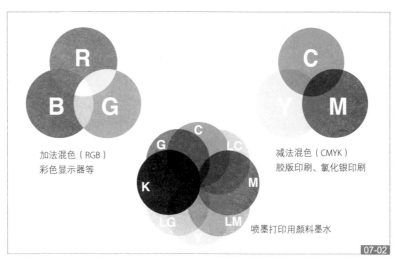

加法混色（RGB）
彩色显示器等

减法混色（CMYK）
胶版印刷、氯化银印刷

喷墨打印用颜料墨水

07-02

印刷用油墨的种类。

不同输出方法下的色彩差异

使用胶版印刷（商业印刷）需要具备相当的条件，而喷墨打印已经进入家庭，一些专业打印店或照片冲洗店也能提供氯化银打印的服务。采用喷墨打印时，只要在输出时设置好色彩，就能获得足够理想

的打印质量，并且还能重新调整、多次打印，因此可以说是最为方便的打印输出方式之一（见图 07-03 ）。

如果追求高画质，对色阶以及锐利度要求较高，那么氯化银打印较为合适（见

图 07-05 ）。照片冲洗店对一般顾客都会提供这项服务，顾客要求时还会对颜色进行调整，因此如果追求高画质，这也是一个不错的选择。

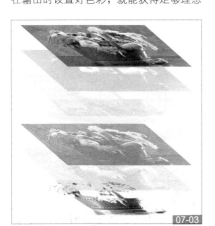

07-03

喷墨打印
喷墨打印不仅适应CMYK模式，还能打印出CMYK模式下很难重现的淡红色和淡青色。

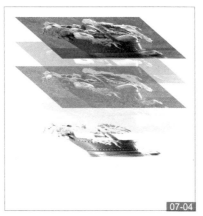

07-04

胶版印刷
胶版印刷主要是CMYK的4种颜色，但能够添加银色等其他方式下无法重现的色版是其特色之一。

07-05

氯化银打印
氯化银打印与其他方式不同，可以将各版叠加使用，CMY也具备完美的色彩特性，使用C、M、Y3个版可以实现完美的色彩重现。

文件格式

这里介绍图像的打开与保存方法。此外，Photoshop能够适应所有的图像格式，但这里只介绍具有代表性的文件格式及其特性。

▶▶▶ 打开图像

在Photoshop中有几种打开图像的方法。与微软公司的Word文档以及文本文件的打开方法一样，打开图像的一般方法为双击文件图标，或者选择"文件">"打开"命令。不过，与打开Raw DATA以及Illustrator数据等时一样，各项设置需要用户自己进行设定。

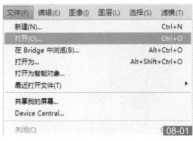

"文件">"打开"命令。

1 "文件"菜单中的"打开"

在Photoshop中，既可以使用Adobe自带的对话框打开文件，也可以使用操作系统的"打开"对话框打开文件。用户可根据自己的习惯和喜好进行选择。

单击对话框左下方的按钮，可以在Adobe对话框与操作系统对话框之间进行切换。

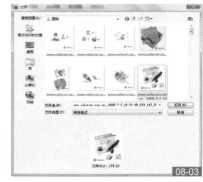

Adobe对话框。

操作系统对话框。

2 "文件"菜单中的"导入"命令

选择"文件"菜单中的"导入"命令后，在其子菜单中可以选择"变量数据组"、"视频帧到图层"、"注释"、"WIA支持"。此外，如果已安装扫描仪、数码相机等输出设备，也可以选择这些项目。

"导入"子菜单。

3 "文件"菜单中的"在Bridge中浏览"命令

选择"文件">"在Bridge中浏览"命令，可以使用Photoshop附带的Adobe Bridge打开图像。Adobe Bridge是一个独立的图像浏览软件，它不仅可以打开图像进行浏览，还具有一些非常方便的图像管理功能，因此也是一款非常好用的图像数据管理软件。

除图像以外，Adobe Bridge还能确认EXIF等元数据，因此无需打开图像即可对文件进行确认。此外，它还能通过子文件夹创建、读入、标签等功能，从而对图像进行高效管理。

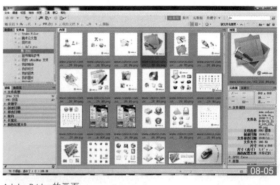

Adobe Bridge的画面。

▶▶▶ 关于Raw DATA、DNG（Digital Negative）

相机在拍摄完成之后接收到的未经处理的数据叫做Raw DATA。

数码相机照完相后，一般会从CCD（或CMOS）等图像传感器接收数据，并通过内部处理对其进行颜色补偿，然后将其变换成24~48位色阶的图像保存起来。但是，如果对拍摄后的数据不做变换，而是将CCD接收到的全部数据原封不动地保存起来，就会得到Raw DATA图像。此外，为了将Raw DATA作为图像文件打开而进行的处理叫做

"Raw图形化"。Photoshop可以打开几乎所有相机的Raw DATA。只要打开文件，Adobe CameraRaw 插件就会启动并执行图形化。

DNG（Digital Negative）是Adobe公司开发的文件格式，用于让各个相机厂商之间不具互换性的Raw DATA具备互换性。Photoshop可以原封不动地保存"Raw图形化"时的设定，因此如果要在Raw图形化之前制作各种不同的版本，DNG是非常方便的文件格式。

Adobe CameraRaw具有强大的基本功能，最终的输出结果也不错。"Raw图形化"速度之快也是其特征之一。目前市售的软件有Adobe的Lightroom、苹果公司的Aperture和市川软件研究室的SILKYPIX等。

主要文件格式

PSD（Photoshop格式）

　PSD是初始设定的文件格式，包含16位和32位，可以在保留几乎全部Photoshop功能的状态下予以保存。此外，其他的Adobe软件也能直接读取此文件，能够保持很多Photoshop的功能。

Photoshop EPS

　EPS格式在位图图像的基础上，能够将Photoshop的"pass"功能继承到Illustrator等软件中，因此多用于印刷等用途。不过，现在由于PSD格式与Illustrator等的亲和性也有所提高，EPS格式的使用开始变得越来越少。

JPEG

　JPEG用于将照片等具有层次感的图像进行压缩保存，是标准的压缩格式，压缩等级也可在1～12之间选择，适用于Web等的格式。使用氯化银方式打印时，只要使用高画质，几乎看不出画质有什么影响。不过它属于不可逆压缩方式，在反复保存后，画质会出现劣化。

Photoshop PDF（以及通用PDF）

　PDF是PC文档格式中最常用的文件格式之一，是Mac OSX等操作系统下标准的文件格式之一。在Photoshop之下，如在保存时的对话框内去掉"保留Photoshop编辑功能"，即成为通用PDF。

TIFF

　TIFF格式几乎可以被所有的应用程序读取，是通用性很高的图像文件格式。它可以保持Photoshop的图层功能以及注释、透明度等功能。此外，它还能适应高达4GB的文件大小和8位、16位、32位通道的图像。

大文档格式（PSB）

　大文档格式可以继承Photoshop的所有功能，能够保存高达300 000像素的图像，但是只适用于Photoshop CS以后的各个版本。

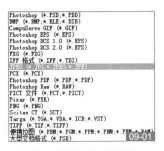

文件保存时的"格式"下拉列表。

TIFF虽然是一种很老的格式，但性能出色且通用性强，此外还具有适应大文件、可保留图层、使用可逆压缩方式等特点。

保存选项具有多种方式可选是TIFF文件的主要特征，压缩方式也能够选择JPEG。

不可逆压缩与可逆压缩

　画质在不可逆压缩后会有劣化，但能够实现很高的压缩率，常用于JPEG等格式。在最高画质下压缩时，保存后图像的品质不会出现劣化，比较适合于打印。与此相对，可逆压缩方式下图像不会劣化，保存后图像的品质也不受影响，不过压缩率较低。

图像的保存

　使用Photoshop加工过的图像可以用各种文件格式保存，一般根据用途来选择相应的格式。

　其中，能够完全保留Photoshop下作业状态的是PSD（Photoshop格式），因此可以用PSD格式来保存原图像，然后再用TIFF或JPEG格式重新命名用于打印的保存的图像，用GIF、PNG、JPEG格式保存用于Web的图像。

　直接保存文件时，选择"文件"＞"保存"命令，不希望覆盖原文件时，选择"另存为"命令。保存Web用图像时，选择"存储为Web和设备所用格式"命令，选择该命令时，可以在保存之前确认保存后的画质。

保存时的选项

格式

　选择保存的格式。保存后图像用于Web或手机画面以及邮件时，选择"文件"＞"存储为Web和设备所用格式"命令。保存时注意确认各图像格式下的可用色彩数量和功能限制。

保存（选项）

　不具备"图层"、"Alpha通道"等Photoshop特有功能的图像格式，在保存时无法自动选择。此外，以JPEG等格式保存PSD文件时，如果图像中带有图层等，将会自动选中"作为副本"复选框。

"存储为Web和设备所用格式"对话框。

"设备中心"对话框。

"存储为"对话框。

选区基础

在使用Photoshop进行操作时会在选区上花很多时间，这里首先介绍具有代表性的选区创建的方法。

在Photoshop中对某一部分图像进行编辑时，首先必须选择要处理的范围，即创建选区。此外，将需要的像素剪切至其他图层时，也需要创建选区。

已创建的选区可以在"选择"菜单中对其进行变换、放大、羽化等处理，还能保存到Alpha通道中，此时Alpha通道会将选区存储为一种叫做蒙版的灰度图像。蒙版可以像普通图像一样进行加工，借此可

以对选区进行复杂的调整。此外，还有一种"快速蒙版"功能，它可以临时性地将蒙版变换为图像进行加工。

选区还可以根据亮度来创建，并且亮度还可以调整。也就是说，某个像素并非只能在"选中"和"未选中"二者中选择其一，甚至可以进行诸如"选择该像素亮度40%以下的部分"之类的选择。使用"快速蒙版"以及"Alpha通道"功能将选区变

换为图像后，就可以像图像一样，通过饱和度调整和滤镜的模糊功能对选区进行模糊处理，并通过目视确认其模糊程度。

选区可以通过工具箱中的选择工具以及"选择"菜单中的"色彩范围"命令来创建。但这些方法很少直接使用，实际操作中一般会先进行变换、模糊、反选等，然后再使用这些方法。此外，"选择"菜单中还有许多与选区相关的命令，使用起来非常方便。

选区用例1（使用多边形套索工具）

要将图 10-01 中窗户部分的亮度加大至如图 10-02 所示的状态，可以使用多边形套索工具。

多边形套索工具适用于创建边界为直线（如窗框）的选区。对图 10-01 来说，一般只需使用多边形套索工具即可创建选区。除此之外，在创建最初的选区时，还可以先使用多边形套索工具创建一个精度尽可能高的选区，然后再对其进行调整，这样可以使操作更为轻松。

  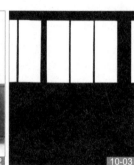

加工前的图像。　　　　　加工后的图像。　　　　　选区（蒙版显示）。

选区用例2（使用椭圆选框工具、羽化、反选）

要调整图 10-04 中图像的整体色调，将其加工成如图 10-05 所示的较暗、饱和度较高的图像，可以使用"椭圆选框工具"以及"羽化"、"反选"等功能来创建选区。

"椭圆选框工具"非常简单，但与"羽化"组合使用时，可以在图像的主题上营造出一种犹如淡淡灯光照射出的画框效果。

图 10-06 是为了加工图像而创建的选区，为了便于观察，图中显示的是变换成蒙版后的图像。

加工前的图像。　　　　　加工后的图像。　　　　　选区（蒙版显示）。

选区用例3（使用色彩范围与快速蒙版）

要将图 10-07 中左边的蓝色鸡尾酒变为图 10-08 中的红色，可以使用"色彩范围"和"快速蒙版"。

"色彩范围"在选择特定颜色时非常有效，用户可以使用其对话框内的吸管工具指定颜色，还可以在预先设置好的颜色中选择一种特定的颜色。此外，快速蒙版可以将选区当做图像来处理，用画笔工具涂抹后，即可删除或扩展选区。

图 10-09 所示为所使用的选区。

加工前的图像。　　　　　加工后的图像。　　　　　选区（蒙版显示）。

选区工具解说

创建选区时可用的方法多种多样，用户需要根据自身的目的以及精度要求来使用不同的功能。比如，用某种单一颜色来涂抹图像周围的边框时，无需使用比较高级的功能。而另一方面，如果对精度有要求，就需要组合使用多种方法来创建选区。（没有精度要求时，使用高级功能可以更加方便地完成作业。）

与选区有关的工具基本都在工具箱中，总共有3组。这3组工具从最初版本开始均已具备，功能也与现在的版本基本相同，但从Photoshop CS3开始增加了"快速选择工具"，从而使软件更加智能化，使用起来也更加方便。

矩形选框工具、椭圆选框工具、单行/单列选框工具

使用矩形选框工具和椭圆选框工具时，在图像中按住鼠标左键并拖曳即可创建选区。使用单行/单列选框工具时，只需在图像中单击，即可在单击位置创建1个像素宽度的单行或单列选区。

各个选框工具的选项在大多数情况下功能相同，此外，通过"添加到选区"等组合键也能获得同样的功能。

按住"Alt"键（或Mac的"option"键）的同时拖动鼠标，将以单击点为中心向外创建选区；按住"Shift"键的同时拖动鼠标，将会创建圆形或正方形的选区。

- 矩形选框工具　M
- 椭圆选框工具　M
- 单行选框工具
- 单列选框工具

矩形选框工具：按住鼠标左键并拖动，可创建矩形选区。
椭圆选框工具：按住鼠标左键并拖动，可创建椭圆形选区。
单行选框工具：在单击位置创建1个像素宽的单行选区。
单列选框工具：在单击位置创建1个像素宽的单列选区。

矩形选框工具的选项栏。

新选区：创建新选区时单击此按钮，可与键盘组合使用完成"添加到选区"、"从选区减去"、"与选区交叉"的操作。

添加到选区：在原有选区上添加新建的选区。选择"新选区"时，按住"Shift"键拖动鼠标可以获得同样的效果。

从选区减去：在原有选区中减去当前创建的选区。选择"新选区"时，按住"Alt"键（或Mac的"option"键）拖动鼠标可以获得同样的效果。

与选区交叉：将原有选区与拖动范围的交叉部分作为新的选区保留。选择"新选区"时，同时按住"Shift"键以及"Alt"键（或Mac的"option"键）拖动鼠标，可以获得同样的效果。

羽化：可创建经羽化处理的选区。选区的羽化量无法通过目视确认。快速创建由2个不同羽化程度混合的选区时，此选项非常有效。

调整边缘：具有对已创建选区进行进一步调整的各种功能。

消除锯齿：选择此选项可使选区边缘更加平滑流畅。

套索工具、多边形套索工具、磁性套索工具

套索工具、多边形套索工具和磁性套索工具可以创建各种形状自由的选区。使用套索工具时，按住鼠标左键并拖动即可创建与鼠标指针轨迹相同的选区；使用多边形套索工具时，在各个点单击鼠标即可创建多边形选区；使用磁性套索工具时，在画面上移动鼠标指针，可按照图像的浓淡程度自动创建选区。磁性套索工具是从Photoshop CS开始新增的功能，与其他套索工具相比，其使用范围更广。在磁性套索工具的选项栏中可以指定羽化、消除锯齿、宽度、对比度和频率。这是磁性套索工具特有的选项，套索工具和多边形套索工具只能指定羽化和消除锯齿。

- 套索工具　L
- 多边形套索工具　L
- 磁性套索工具　L

磁性套索工具的选项栏。

套索工具　L 套索工具：
使用套索工具时，按住鼠标左键并拖动可以形成任意形状的区域，释放鼠标后，终点与起点连接，自动创建封闭的选区。拖动过程中按住"Alt"键（或Mac的"option"键），然后释放鼠标，即可切换为多边形套索工具。

多边形套索工具　L 多边形套索工具：
多边形套索工具与套索工具非常相似，它通过在各个点单击鼠标来创建形状自由的选区。使用过程中如果在按住"Alt"键（或Mac的"option"键）的同时拖动鼠标，即可切换至套索工具。

磁性套索工具　L 磁性套索工具：
磁性套索工具是在多边形套索工具的基础上更加智能化的工具，可以自动沿着图像的轮廓生成选区。操作过程中如果按住"Alt"键（Mac中的"option"键）并拖动

鼠标，可切换为套索工具；如果按住"Alt"键（Mac中的"option"键）并单击鼠标，可切换为多边形套索工具。

宽度：
设定磁性套索工具的检测范围。

对比度：
设定磁性套索工具对图像边缘的灵敏度，一般用于与其周边对比明显的边缘设定较高的对比度。

频率：
设定点的生成频率，设定范围为0～100，此数值越大，生成的点越多。

光笔压力：
使手写板的压感笔压力与宽度（磁性套索工具的检测范围）联动。
指定适应Photoshop的手写板，即可调整压感笔的宽度。

色彩范围

色彩范围的选择可通过"选择">"色彩范围"命令进行。

选择"色彩范围"后，将与激活图层无关，而只显示当前画面的预览。

在"选择"下拉列表中选定颜色或使用吸管工具指定像素颜色后，这些颜色或其近似色即可进入选择的范围。实际操作时需要一边通过预览确认，一边采用较小的"颜色容差"，同时使用吸管工具逐步调整选区的范围。

"色彩范围"对话框。

选择：
用于设定选择选区范围的方法。其下拉列表中包括"取样颜色"以及"红色"、"高光"、"溢色"等。除"取样颜色"外，选择其他选项均无法更改"颜色容差"等。

吸管工具：
在"选择"下拉列表中选择"取样颜色"后，可通过单击图像中的任意部分来指定要选择的颜色。此外，还可以使用减法吸管工具和加法吸管工具对选区进行调整。

颜色容差：
在"选择"下拉列表中选择"取样颜色"后，可以通过"颜色容差"来调整选择的范围。将此值设置得较小（1～3），同时用吸管在更多的点取样，可以创建更加精确的选区。

Photoshop
Design Lab

利用选区进行裁剪

进行裁剪之前，首先要明确图像裁剪后的用途是什么，裁剪后如何使用。是要将多个图像合成起来制作新的图像还是要导入Illustrator、InDesign等应用软件中，要

裁剪的对象是什么形状，构造如何，由哪些颜色构成，裁剪对象的轮廓处于何种状态，这些问题关系到编辑的方法以及图像的特性，因此需要认真考虑，这样在此基

础上才能选择适当的工具和创建选区的方法。当然，在无法充分掌握图像特性时，可以先用自动选择工具以及色彩范围等来尝试一下。

使用自动选择工具（魔棒工具）进行裁剪

对一大片连续的相近颜色（如照片背景中的蓝色天空）进行选择时，自动选择工具较为有效。

现在要从图 12-01 中删除天空，裁剪出大楼部分。裁剪对象大楼的颜色与背景中天空的蓝色区别明显，且大楼的轮廓为直线，背景也基本上是单一的蓝色，因此看起来无论是使用自动选择工具（魔棒工具）还是色彩范围、多边形选择工具等，都可以顺利完成裁剪作业。然而认真观察之后就会发现，大楼的玻璃窗中映有蓝色的天空，因此如果使用色彩范围选择与蓝天相近的颜色，就会把玻璃窗部分也包含在内。

此外，大楼的轮廓虽然是直线，但也有很多零碎的折线，并且还有一些更加细小的天线状的东西，因此，如果使用多边形选择工具，操作起来会比较费时。对这种图像，首先使用自动选择工具（魔棒工具）选定蓝天，然后再通过"反选"操作来选择大楼将会比较有效。

首先使用自动选择工具（魔棒工具）单击蓝天的中央部分，然后向下移动，按住"Shift"键继续单击蓝天部分，再按住"Shift"键单击剩余的蓝天部分。需要注意的是，如果此时没有选中选项栏中的"连续"复选框，那么映有蓝色天空的玻璃窗部分也会因为颜色相近而被同时选中。

要裁剪出图像中的大楼，先选择蓝天。

容差设定为15，同时选中选项栏中的"连续"复选框。

使用自动选择工具（魔棒工具）单击蓝色天空的中央部分。

向下移动，按住"Shift"键单击蓝天，增加选择的范围。

按住"Shift"键继续单击剩余的部分，将蓝色天空全部选中。

删除天空部分，大楼被完整地保留。

使用多边形套索工具进行裁剪

要从如图 12-07 所示的照片中裁剪出盒子部分，"多边形套索工具"较为有效。观察图像后可以发现，盒子的颜色与背景颜色比较接近，因此使用色彩范围或魔棒工具将会比较困难。不过盒子的轮廓比较明显，而且是由直线形的线条与转角构成的。创建这种图像的选区时，使用"多边形套索工具"较为有效（见图 12-09 ）。

使用多边形套索工具开始选择。

准确地单击各个拐点，确定选区的轮廓。

删除周围部分，盒子被完整保留。

抽出

从Photoshop 7.0开始新增的"抽出"滤镜虽然很少被直接使用，但它与其他功能组合后却是一个非常有效的工具。这里介绍使用"抽出"滤镜进行裁剪的方法和步骤。

"滤镜"菜单中的"抽出"命令虽然不是创建选区的方法，但用它指定图像的大致轮廓后，也可以裁剪出需要的部分。"抽出"是从 Photoshop 7.0 开始新增的功能，用于进行裁剪。用户使用它即使不具备高级技术，也能轻松地进行裁剪。

然而，由于图像编辑和修整作业一般都需要使用带有高级功能的插件并创建复杂的选区，因此"抽出"功能一直以来并未获得应有的关注。

"抽出"功能还可以用于创建选区的前期准备。使用"抽出"完成裁剪后，可以将裁剪的轮廓作为选区载入，然后使用快速蒙版等对选区进行编辑和加工，从而可以更快、更有效地创建选区。

Photoshop的每一次版本升级都会新增一些方便的功能，虽然并不是每一个新功能都非常好用，但其中也有很多像"抽出"一样能够帮助用户迅速地完成以前只能手动进行的作业的功能。

使用"抽出"滤镜进行裁剪

"抽出"滤镜本身的单独使用并不多见，但它与其他功能组合后却是一个非常有效的工具。这里介绍一下使用"抽出"滤镜与快速蒙版进行裁剪的方法。

1 使用"抽出"滤镜时，除被裁剪部分以外，其他部分均会被删除，因此首先需要复制图层，创建"背景副本"。

13-01

复制图层可以选择"图层">"复制图层"命令，或者在"图层"面板中将需要复制的图层拖放至"创建新图层"按钮上。此外，也可以通过"Alt"键（Mac中的"option"键）+拖放的方式来复制图层。

▼

2 选择"滤镜"的方式 >"抽出"命令，打开"抽出"对话框，然后在其中进行设置。

13-02

使用"抽出"对话框中的边缘高光工具时，以尽可能小的半径进行描绘，可以完成高精度的裁剪。使用各种选项也能提高抽出的精度，不过下面还要使用快速蒙版对其进行调整，因此这里不需要使用选项。

▼

3 使用"抽出"对话框中的边缘高光器工具描绘要裁剪的轮廓部分，再用填充工具填充轮廓的内部区域，然后单击"确定"按钮。

13-03

至此裁剪已经完成，但有些地方精度不高，对此将使用快速蒙版进行调整。

▼

4 确认图像后，选择"选择">"载入选区"命令，将抽出的图层作为选区载入，并变换为快速蒙版。

13-04

通过"选择">"载入选区"命令载入选区。此外，按住"Ctrl"键（Mac中的"command"键）的同时单击图层的缩略图标，也可以将其作为选区载入。此命令使用较为频繁，因此记住按住"Ctrl"键（Mac中的"command"键）的同时单击图层的缩略图标会比较方便。

5 将选区变换为快速蒙版后进行编辑，完成后再次单击"以标准模式编辑"按钮，即可回到原来的状态。

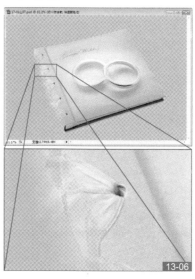

13-05

单击"以快速蒙版模式编辑"按钮，使选区作为快速蒙版显示出来。不单击此按钮，按"Q"键也可以完成同样的操作。此时应确认当前处于英文输入法状态。

13-06

变换为快速蒙版后，仔细观察可以发现有些细小部分的精度不太高。这里使用画笔等工具对快速蒙版进行编辑，以提高精度。

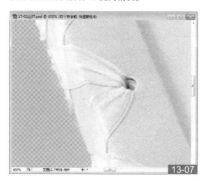

13-07

使用画笔等工具对快速蒙版进行编辑后，精度得以提高，最后再变换为选区。

色彩范围

"色彩范围"是一个非常方便的工具，使用它可以通过色彩来创建选区。特别是当图像中浓淡对比较小、存在单一的颜色时，使用"色彩范围"可以较为方便、迅捷地将该颜色选择出来。

浓淡范围较大时，对高光部分和阴影部分的选择有时会很困难，但只要采取复制图像、调整浓淡、执行"色彩范围"命令并在原图像中使用选区等措施，就不会有什么问题。此外，只使用选区的边缘部分，然后再使用快速蒙版或Alpha通道修整的做法也比较有效。

"色彩范围"命令能够对指定的颜色进行选择，如果要将CMYK模式图像中的特定颜色以及溢色部分选择出来予以修正，用此命令就非常有效。

Photoshop中与"色彩范围"类似的功能比较少，只要掌握住它，选择特定颜色时就不会有什么问题，因此可以说该功能非常重要。

Photoshop版本每升级一次，就会新增一些与选区有关的工具，但"色彩范围"一直以来基本没有变化，同时也没有其他可以代替的功能，可以说它已经比较

完善。

此外，从Photoshop CS3开始，可以通过选择"选择">"调整边缘"命令对创建好的选区进行调整。对于很难一次性创建出完美选区的"色彩范围"来说，"调整边缘"是非常适合的工具。

在"色彩范围"对话框中选择"取样颜色"时，可以指定取样点、调整颜色的范围，以便对颜色进行选择。对于有一定色彩层次的图像，可以从边缘线附近开始逐步加大选择范围，在选区确定后再使用快速蒙版对其进行调整。

014
DAY
Photoshop
Basic Knowledge
02
Photoshop
Design Lab

使用"色彩范围"创建选区

这里介绍使用"色彩范围"创建选区的方法。

使用"色彩范围"创建选区时，先选择"选择">"色彩范围"命令，然后在对话框中的"选择"下拉列表中指定选择的方法。

在"选择"下拉列表中选择"取样颜色"时，可以通过调整"颜色容差"滑块来设定容差值，或者使用吸管工具单击要选择的部分。选择"取样颜色"以外的其他选项时，无法指定容差量。

此外，"色彩范围"对于含有较多相同颜色的图像来说较为有效，但对于其他图像，则需要使用其他方法来创建选区。

1. 选择"选择">"色彩范围"命令。
2. 在"选择"下拉列表中选择"取样颜色"。
3. 将鼠标指针对准要指定的颜色后单击，并预览相近的色彩范围。
4. 通过拖动滑块设置颜色容差，从而调整选择的范围。容差的取值范围为0～200（见图 14-02 ）。
5. 可以使用加法吸管工具和减法吸管工具调整选择的范围（见图 14-03 ）。
6. 通过预览可以详细地查看目前选中的范围，然后单击"确定"按钮即可创建选区（见图 14-04 ）。

14-01

要选择图中的桃子，先选择"选择">"色彩范围"命令，然后使用吸管工具单击桃子的中央部分。打开"色彩范围"对话框后，则与当前作业中的图层无关，显示当前画面的预览。此外，当前已有选区存在时，会在其中新建一个选区。

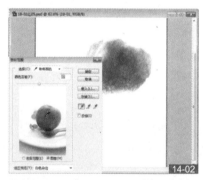

14-02

单击桃子中心部分后，因同一系统的颜色较多，因此先将容差设为1。

14-03

此时选择的范围还比较小，因此使用加法吸管工具在各个部分单击，从而扩大选择的范围。

14-04

逐步扩大选择范围之后，单击"确定"按钮确定色彩范围。本例中要选择的部分颜色较为单一，实际操作中这种情况可能很少，不过"色彩范围"也可以用于进一步扩大已创建好的选区或从中删除部分内容。

14-05

使用"选择">"反选"命令可以选中桃子以外的部分，然后将其删除。此时可以发现选区的创建比较成功。

选区的编辑
（扩展变换和收缩）

"选择"菜单中有很多用于编辑选区的命令，这里介绍如何对选区进行进一步的编辑，以便获得高质量的选区。

选区可以通过各种方法来创建，不过这些方法大多不能直接进行精细的处理。此时可以选择"选择">"修改"子菜单中的命令等，将选区修改至需要的形状。

这种方法在熟练掌握之后，与使用快速蒙版以及Alpha通道相比，能够更加快捷地创建理想的选区。

编辑选区的工具主要集中在"选择"菜单中，同时带有很多子菜单。此外，常用的工具一般还有快捷键。从Photoshop CS3开始，新增的"调整边缘"等功能用起来非常方便，用户可以在预览的同时添加多个效果。不过，对于希望尽早掌握作业过程的人来说，"调整边缘"可能不一定适合。

变换选区

即使是圆形或正方形等形状较为简单的物体，在选择时也很难一次就做到位置和尺寸等完全吻合。如果摄影条件或扫描条件不够理想，圆形和正方形也会产生一些微妙的扭曲。此时可以先创建一个大致的选区，然后再使用"选择">"变换选区"命令，通过选区的变形使其更加精确。

先使用"椭圆选框工具"将盘子大致选中。由于盘子是圆形，椭圆选框工具很难一次性将其完全选中，因此在选区创建好后，再通过变换使其与盘子的形状完全吻合。

选择"选择">"变换选区"命令后，选区的4个角以及4个边的中央会出现控制手柄。

按住"Ctrl"键（Mac中的"command"键）的同时拖动鼠标，可以使控制手柄自由移动。如果按住"Shift"键的同时拖动鼠标，则选区会在保持纵横比不变的情况下变形。按住"Alt"键（Mac中的"option"键）的同时拖动鼠标，选区以基准点为中心变形。

选区的扩展与收缩

创建选区与裁剪图像或其他图像合成时，由于来自周边的反射，物体边缘部分的颜色和浓度会出现一些变化，从而显得不自然。为防止这种情况，选择物体的选区时可以比实际形状小（或大）几个像素，或者羽化其边界。选择"选择">"修改">"扩展（或收缩）"命令，可以以像素为单位扩展（或收缩）选区的范围。选择"选择">"修改">"羽化"命令，可以使选区的边界实现羽化效果。

"选择"菜单中子菜单的内容：

全部：
选择画布上的全部内容。

取消选择：
取消当前的选区。

重新选择：
重新选择此前取消的选区。

反向：
反转选择区域，选择图像中未选中的部分。

色彩范围：
拾取图像中的颜色，创建选区。

调整边缘：
可以一次性同时执行"修改"中的全部命令。

修改：
可以扩展或收缩选区，或羽化边界。

扩大选取：
根据自动选择工具选项中设定的容差值，将相邻的像素选择进来。

选取相似：
将整个图像中与当前选区内所含颜色相近的像素选择进来。

变换选区：
可以让选区形状自由变化。使用方法与"编辑">"自由变换"命令相同。

载入选区：
在当前打开文件的Alpha通道以及图层的基础上创建选区。

存储选区：
将选区保存至Alpha通道等。

盘子的边缘因周边的反射而出现了光晕，因此背景的浓度变化显得不自然。此时，收缩选区范围是比较快捷的修正方法。

要收缩选区时，选择"选择">"修改">"收缩"命令；同样，要扩展选区时，选择"选择">"修改">"扩展"命令。本例中选区收缩2个像素。

收缩选区后盘子边缘亮光消失，与背景之间的过渡比之前更加平滑。

应用选区进行裁剪

这里介绍如何使用选区的初级功能进行比较精确的裁剪。

到目前为止，我们已经介绍了多种选择工具和选择方法。但在实际操作中，很多时候用户需要根据不同的用途，将多种工具组合起来使用。例如，一个简单的"裁剪"就有很多种方法，用途不同，作业方法也会有所差异。此外，裁剪对象无论是柔软的物体或边界模糊的图像，还是盘子等较硬的物体，也会对作业方法的选择有一定影响。

此时，用户需要仔细地查看裁剪对象的形状和构造，从而把握图像的特性，然后再判断并选择恰当的工具，考虑是否需要把多个工具组合起来使用，并确定适当的选择方法。一般认为，较硬的物体易于创建选区，而人的头发等选区比较难于创建。

❖❖❖ 使用椭圆工具+磁性套索工具进行裁剪

本例裁剪图像中的盘子部分。如果从上方垂直俯视，盘子的形状是圆形，但在这张照片中由于拍摄角度的关系出现了变形，盘子并不是圆形。不过因为本来就是圆形，所以采用"椭圆选框工具"来选择其轮廓。

1 使用"椭圆选框工具"从盘子的大致中心位置开始，按住"Alt"键（Mac中的"option"键）的同时拖动鼠标。此时选区范围与盘子形状相差甚远，不过由于后面还要进行微调整，因此没有问题。

大致选中盘子。

2 选择"选择">"变换选区"命令，在选区的周围显示变形用的定界框，然后使用该定界框对选区进行调整。拖动定界框的控制手柄，可以使定界框变形。此外，在定界框的外侧拖动鼠标，可以使对象发生旋转。

选择"选择">"变换选区"命令。

出现定界框。

3 按住"Shift"键或"Ctrl"键、"Alt"键的同时拖动鼠标，定界框可以进行各种各样的微调整。这里拖动上、下、左、右的控制手柄来大致对准盘子的上、下、左、右边缘。然后按住"Ctrl"键和"Alt"键（Mac中的"command"键和"option"键），向左侧拖动下方正中的控制手柄使其变形。然后放大预览画面，一边仔细观察轮廓的情况，一边进行微调整。调整完成后，按"Enter"键（Mac中的"return"键）确认变形。

操作定界框对选区进行调整。

4 观察图像可以发现，部分花瓣已经超过了盘子上方的边缘线，因此这里也需要选择。花瓣与背景之间存在色差，因此可以使用"磁性套索工具"将其添加到选区。操作时先选择"磁性套索工具"，然后按住"Shift"键的同时在椭圆中间单击，以添加选择

的范围。此时只需沿着花瓣的轮廓移动磁性套索工具，即可准确地选中轮廓。轮廓描绘结束后，在椭圆选区中双击，此时选区封闭，溢出的花瓣部分被添加至椭圆选区中。

将溢出部分添加至选区。

5 因为边界有点硬，使用"选择">"修改">"羽化"命令羽化轮廓，使其更加平滑。

用羽化选区进行调整，裁剪顺利结束。

剪贴路径

剪贴路径功能是与Illustrator以及InDesign联系的较为重要的功能。这里按步骤介绍带有剪贴路径的图像的导出方法。

剪贴路径是在将图像导入到Illustrator以及InDesign等DTP应用软件中时，用路径围住图像中的一部分，并将其裁剪出来的功能。

通常剪贴路径范围之外的部分会被蒙版，因此应用剪贴路径后的图像置入Illustrator以及InDesign后，未裁剪的其他部分会被认为是透明的。

此外，如果要抽空路径，可以先按照要抽空的形状绘制路径，然后只需将其保存，即可顺利创建中空的路径。

∷∷ 创建剪贴路径

下面使用真实的照片来介绍剪贴路径的创建方法。

1. 这里选择"钢笔工具"来绘制剪贴路径。此时需要在选项栏中选择绘图模式，这里单击左边第二个"路径"按钮。在图像中开始绘制路径时，"路径"面板中就会增加工作路径。剪贴路径的绘制将在这种状态下进行。

17-01 选择"钢笔工具"，然后单击"路径"按钮。

17-02
使用"钢笔工具"绘制路径。

17-03
工作路径自动变化。

▼

2. 除上述使用"钢笔工具"绘制路径的方法以外，也可以从选区中创建剪贴路径。要想按照图像中选区的边界创建剪贴路径，首先要创建选区，然后在"路径"面板控制菜单中选择"建立工作路径"命令，打开"建立工作路径"对话框。在其中的"容差"文本框中输入0.5～10.0的值，然后单击

"确定"按钮。此时"路径"面板中显示"工作路径"，选区被转换为路径。（创建工作路径时的容差值表示将像素转换为路径时按照怎样的精度转换。）

17-04
创建选区。

17-05
设定容差值，将选区转换为路径。

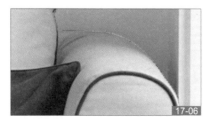
17-06
容差较小时。

17-07
容差较大时。

3. 以任意名称保存"工作路径"后，再次在"路径"面板控制菜单中，选择"剪贴路径"命令。在"剪贴路径"对话框中的"路径"下拉列表中选择此前保存的路径名，保持"展平度"为空白，然后单击"确定"按钮。此时选中的路径变为剪贴路径。被指定为剪贴路径的路径的名称在"路径"面板上使用不同的字体，以便与普通路径进行区别。

17-08
用任意名称保存工作路径。

17-09
将路径转换为剪贴蒙版。

▼

4. 剪贴路径的设定完成以后，开始导出文件。导出时的用途不同，文件的格式也会不同。
使用PostScript打印机打印时，选择Photoshop EPS格式，使用非PostScript打印机打印时，选择TIFF格式。

Alpha通道

Alpha通道主要用于选区的保存和编辑。该通道的功能非常强大，这里只介绍其基本功能中的存储和载入。

所谓Alpha通道是指将存储蒙版的通道载入到构成RGB模式和CMYK模式等各通道中的通道。

蒙版数据是指选区内的数据，通过将该数据存储到通道中，可以任意使用选区。

另外，Alpha通道可以处理灰度图像，因此可以进行较多的调整。例如，将通过选择类工具创建的选区作为蒙版保存到Alpha通道中时，也可通过钢笔工具等绘图工具直接进行编辑。

用户可通过"通道"面板进行选区的存储和载入操作。在已创建选区的状态下单击"通道"面板中的"将选区存储为通道"按钮，则可将选区存储到Alpha通道中。

但是，存储时支持Alpha通道的只有Photoshop形式、TIFF形式和PNG形式，需要注意的是，如果是Illustrator等广泛使用的EPS形式数据，Alpha通道将予以删除。

选区的存储（存储到蒙版的Alpha通道中）

存储选区有各种各样的方法，下面对把相同图像存储到Alpha通道中的方法进行介绍。

创建图像的选区并选择"选择">"存储选区"命令，则可打开"存储选区"对话框。若在其中的"通道"下拉列表中选择"新建"，则即使因误操作取消了选区，也可以通过"选择">"载入选区"命令将已保存的选区重新载入。

在用于为图像添加颜色的红、绿、蓝等通道下方创建了称为Alpha通道的隐藏预备通道，可将已存储的选区作为灰度图像存储于该通道中。如果要对该图像进行编辑，则可对存储过程中的选区进行直接编辑。Alpha通道虽并非选区记录专用领域，但也可以用做图像蒙版信息的暂时存储区及烦琐的编辑工作中使用的工作面板。

无选区的图像。

在未存储选区的"通道"面板中只有RGB通道。

使用各种选择工具选中图像中的西红柿，并将该选区进行存储。

在"通道"中存储选区，则在通道内创建了隐藏的预备通道"通道1"。

选区的载入

选择"选择">"载入选区"命令，在打开的对话框中的"通道"下拉列表中选择"Alpha通道1"，则可载入刚才存储的选区。

通过按住"Ctrl"键（Mac中的"command"键）的同时单击"通道"面板中的"Alpha通道1"，同样可以载入选区。习惯之后，通过这种方法用户可以更快捷地进行编辑。

载入选区时，选择"选择">"载入选区"命令。在打开的"载入选区"对话框中的"通道"下拉列表中选择"Alpha通道1"；则可载入已保存的选区。

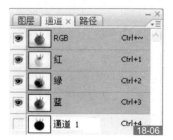

按住"Ctrl"键（Mac中的"command"键）的同时单击"通道"面板中的"Alpha通道1"可载入选区。

TIPS>>通道的极限数

可存储到"通道"面板中的Alpha通道的数量最多有56个（包含于RGB模式及CMYK模式的各通道数中），即RGB模式中可存储53个Alpha通道，CMYK模式中可存储52个Alpha通道。实际编辑工作中很少有人使用如此多的通道，仅供参考。

蒙版概要

之前开始使用的"蒙版"一词及其他的"快速蒙版"、"图层蒙版"等词语，在Photoshop编辑过程中经常出现。这里的蒙版是指"隐藏某一部分"含义的蒙版，将该含义分别称为"XX蒙版"等则更容易理解。在选区中，将与选区相反的部分,即选区之外的部分称为"蒙版"。

创建蒙版时多同时使用Alpha通道、快速蒙版和图层蒙版，用户要灵活运用各自的特性，选择与用途相匹配的用法进行编辑。通过分别同时使用各功能进行编辑，即可创建更加精确的选区。

快速蒙版模式

所谓"快速蒙版模式"是指创建和编辑选区的模式，是可以通过画笔类工具等绘制创建选区的工具。

在工具箱中单击"以快速蒙版模式编辑"按钮切换模式。无选区时，即使从通常的绘图模式切换为快速蒙版模式，画面也并不发生变化。

单击"以快速蒙版模式编辑"按钮，切换为快速蒙版模式，通过画笔等直接编辑蒙版则可对选区进行编辑。此图为选中百合花时的状态。

在快速蒙版模式状态下时，在"通道"面板中自动生成快速蒙版通道。

Alpha通道

蒙版中的Alpha通道主要用于存储蒙版信息。创建选区并切换为快速蒙版模式时，则以"快速蒙版"的通道名暂时将蒙版信息存储于Alpha通道中。另外，在"通道"面板中新建Alpha通道，然后通过调出该通道进行重新编辑，也可作为图层蒙版进行使用。由于Alpha通道可作为灰度图像进行编辑，因此可使用钢笔工具等绘图类工具直接进行编辑。

Alpha通道将被添加于各RGB通道下方。

图层蒙版

所谓"图层蒙版"是指对图层添加的蒙版，可隐藏图层的部分内容，可用于图像图层及调整图层、群组文件夹等。由于不是直接对图像进行编辑，因此可任意进行重新编辑，在图像的合成及色彩调整等方面可发挥很大的作用。

仅对中心的花朵通过图层蒙版进行色彩调整。

色彩调整过程中的调整图层和图层蒙版。

选区与Alpha通道、快速蒙版、图层蒙版的同时使用

分别灵活运用选区与Alpha通道、快速蒙版、图层蒙版的特性，根据用途的不同分别切换，然后进行编辑。通过同时使用各功能，可创建更加精确的选区。

例如，对于轮廓模糊的选区，通过目视观看时无法判断出其模糊程度。这种情况下如果切换为快速蒙版，则可直接进行观察并作出判断。

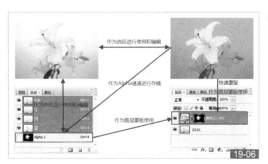

将选区切换为蒙版及Alpha通道时的相互关系。

快速蒙版模式

快速蒙版可将选区作为图像进行处理，这是编辑功能中比较便于使用的功能。

快速蒙版模式是进行选区创建和编辑的模式，用户可通过画笔类工具等将选区创建为如同使用画笔进行绘制的一样。对于包含透明度及模糊的选区，通过目视不能对细节部分进行选择，并且通过自动选择工具及"色彩范围"等进行选择时有时不能选中细节部分，有时无论如何都会出现操作不当的现象。这种情况下通过快速蒙版模式对细节部分进行编辑和确定都非常方便。

通过切换标准模式和快速蒙版模式对同一选区进行编辑，可高效、精确地进行编辑。

切换到快速蒙版模式

在工具箱中单击"以快速蒙版模式编辑"按钮，可以切换到快速蒙版模式。如果在没有选区的状态下进行切换，通过目视并看不到明显的变化。但如果单击"以快速蒙版模式编辑"按钮，则完全转变成快速蒙版模式。在窗口上部文件名旁边也标示出了"快速蒙版"，便于用户进行确认。

标准模式。

快速蒙版模式。

通过快速蒙版模式进行编辑

在已创建选区的状态下单击"以快速蒙版模式编辑"按钮，切换为快速蒙版模式，则选区外的部分被红色覆盖（默认设置为红色50%），这就是快速蒙版。

如果切换为快速蒙版模式，则工具箱中的前景色和背景色自动变为黑色和白色，因此可通过钢笔工具进行绘图和编辑。增加图像的选区时用白色进行涂抹(涂白部分的色彩覆盖将被删除)，减少选区时用黑色进行涂抹(涂黑部分将被色彩覆盖)。如果用灰色或其他颜色进行涂抹，则创建出半透明的区域，这在对选区进行模糊处理时很有效。

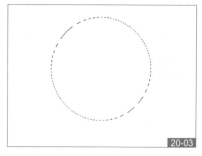

从创建的任意选区的标准模式切换为快速蒙版模式。

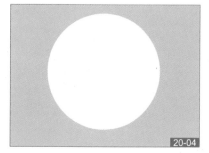

选区外的部分被红色蒙版覆盖。

增加选区时，用白色进行涂抹（涂白部分的色彩覆盖将被删除）。

减少选区时，用黑色进行涂抹（涂黑部分将被色彩覆盖）。

快速蒙版选项

双击"以快速蒙版模式编辑"按钮，则可打开"快速蒙版选项"对话框，在其中可以更改设置。默认设置的显示颜色为红色，也可更改为其他颜色。根据将要编辑图像内容的不同，有时使用红色蒙版则很难区分。遇到类似的这种情况时可更改为任意的颜色及透明度。设置颜色及不透明度时只改变快速蒙版的显示，对图像并无影响。

通过更改着色显示也可为选区部分添加颜色，同时也可更改显示色以及不透明度。

将显示颜色由默认的红色更改为蓝色。根据将要编辑图像的色彩不同，如果默认的红色难以识别，则可更改为容易识别的颜色。

下面通过一个简单的实例对基于快速蒙版创建选区并存储到Alpha通道中的流程进行说明。

在Photoshop中调整图像时，"快速蒙版>选区>Alpha通道存储"这一流程是经常使用的重要编辑工序，用户需要很好地掌握。但是，编辑流程本身并不需要使用太难的功能及设置，用户掌握以后应该能够正确使用。

通过快速蒙版创建选区并存储到Alpha通道中

下面使用该图像对通过快速蒙版创建选区并存储到Alpha通道中的步骤进行介绍。

1 剪切图像中的人物和狗。首先创建剪切选区，使用"多边形套索工具"大致选择要剪切部分的外围。在该状态下单击工具箱中的"以快速蒙版模式编辑"按钮，切换至快速蒙版模式。选区以外的区域被红色所覆盖，然后再进行细节调整。

使用"多边形套索工具"大致选中人物和狗。

选区以外的区域被红色所覆盖。

▼

2 通过画笔工具直接在快速蒙版中绘图，在该状态下使用黑色绘图画笔工具填充人物和狗的轮廓部分。届时边仔细调整画笔，边进行编辑。如果涂抹时不小心超出范围填充了人物上部部分，将画笔工具的绘图色改为白色，然后对超出部分进行填充，即可删除超出部分。

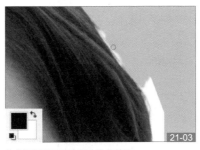

边仔细调整画笔直径边进行绘图。

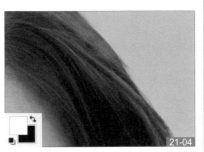

将绘图色改为白色，在超出的部分进行绘图即可将其删除。

▼

3 继续进行填充时，头发的亮部及人物手臂部分、狗的皮毛部分等有时变为与红色蒙版覆盖部分相同的颜色，这样一来就很难看出边缘，不知道是否填充了蒙版。遇到这种情况时，通过"快速蒙版选项"对话框将蒙版颜色改为容易识别的颜色。双击"以快速蒙版模式编辑"按钮可对快速蒙版选项进行设置。届时，暂时返回标准模式，快速蒙版将变为选区。遇到这种情况不要慌张，再次单击"以快速蒙版模式编辑"按钮，则可返回快速蒙版模式。

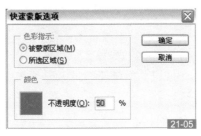

根据不同情况更改显示颜色。

通过更改显示颜色边缘将更加清晰，也更便于进行编辑。

▼

4 全部填充完成后，在工具箱中单击"以标准模式编辑"按钮，返回通常的绘图模式，快速蒙版部分切换为选区。切换为选区后单击"通道"面板下部的"将选区存储为通道"按钮。操作完成后创建的选区将作为Alpha通道存储到"通道"面板中。完成保存后，想要再次对选区进行编辑时，通过"选择"菜单中的"载入选区"命令，即可随时重新载入该选区。

创建了完全包围人物和狗的选区。

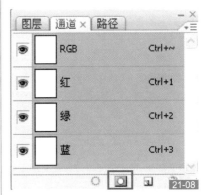

单击"将选区存储为通道"按钮，将选区存储至Alpha通道中。

渐变映射

渐变映射工具是在图像中进行渐变效果填充的工具，下面通过使用蒙版对该功能进行介绍。

在"快速蒙版"、"Alpha通道"、"图层蒙版"等蒙版中通常使用绘图类工具进行编辑。

如果使用画笔工具，可在蒙版中直接绘图与编辑，与此相同，使用渐变映射工具也可在蒙版中直接绘图。例如，通过使

用渐变映射工具在蒙版中绘图，使图像慢慢变薄变透，从而创建融于自然的蒙版。

诸如此类，使用画笔工具在蒙版中进行绘图时，必须通过设置画笔直径及画笔硬度来调整通透范围。

但是，如果使用渐变映射工具，可一

边目视确认开始位置和结束位置，一边方便地进行调整。

下面介绍在图层蒙版中如何使用渐变映射工具直接进行绘图，从而将两幅图像轻松地合并成一幅。

配置图像/添加图层蒙版

下面以在海面图像中叠加少女图像为例进行图像合成的介绍。

使少女图像左侧逐渐通透直至透明，使其自然地融合到海面图像中。

为了以良好的平衡性置入少女图像，将海面图像画布尺寸稍稍加大，然后将少女图像置入背景图像中。

将少女图像叠加置入后，在少女图像中添加图层蒙版。在选中少女图层的状态下，单击"图层"面板下部的"添加图层蒙版"按钮，则少女图像图层中显示出未绘制任何内容的全白图层蒙版缩略图标。

将要使用的图像为海面图像（背景）和少女图像。

将少女图像叠加置入。

在选中少女图像图层的状态下，单击面板下部的"添加图层蒙版"按钮，在少女图像图层的旁边创建出图层蒙版。

直接在图层蒙版中进行绘图

通过渐变映射工具在刚才创建的全白图层蒙版中进行绘图。

单击少女图像图层中的图层蒙版缩略图标，确认已选中图层蒙版。

然后将绘图色设置为黑色，将背景色设置为白色，使用渐变映射工具在图层蒙版中绘制渐变映射。按住"Shift"键的同时进行拖动，可笔直地绘制渐变映射。

在图层蒙版中绘图时，瞬间即可反映出编辑结果并隐去蒙版部分。越是偏黑填充的位置，越容易被蒙版所覆盖。如果将少女照片拖曳至右侧，则从左向右添加渐变映射，渐变映射的浓淡如图 22-08 所示，少女的图像融于背景海面图像中。

图层蒙版的方便之处在于并未对图像本身进行编辑，如果将图层蒙版用白色进行填充，则可返回原来的状态，因此可方便进行再次编辑。

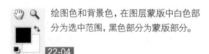

绘图色和背景色，在图层蒙版中白色部分为选中范围，黑色部分为蒙版部分。

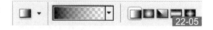

渐变映射工具的设置如上图所示，可设置为从黑至白或从黑至透明的渐变。

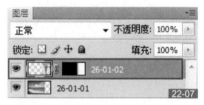

已完成绘图的图层蒙版更改内容反映到缩略图中了。

在图层蒙版中直接绘制渐变映射，确定开始位置和结束位置后进行拖动。按住"Shift"键的同时进行拖动，可画出笔直的线条。

编辑结果。左图和右图完美地融合到了一起，但未对原图进行任何更改，因此未出现画质损坏，并可进行多次调整。

对蒙版添加滤镜

快速蒙版等蒙版的功能是将选区作为图像进行处理，因此也可以对蒙版添加滤镜。下面介绍在快速蒙版中添加滤镜的方法。

无论多么复杂的选区，都可通过组合使用基础篇中介绍的方法加以创建。对已创建的选区进行重新编辑时，可通过选择"选择">"修改"子菜单中的命令进行边界、扩展、收缩、羽化等处理。

Photoshop从CS3版本开始增加了调整边界功能，以往花费很多精力创建选区的工作也变得十分轻松。

作者曾经这样考虑过，如果在创建选区时也如同图像处理那样能对选区添加滤镜功能就好了。但即使这样，对选区边界进行模糊处理时，也不能仿照对选区使用模糊滤镜那样进行处理。但是，如果在创建选区时将其切换为快速蒙版模式，则选区变为了蒙版图像，因此可以类似图像那样为创建过程中的选区添加滤镜。

在快速蒙版中使用模糊滤镜

通过多边形选择工具创建选区，并将选区放大。放大后单击工具箱内的"以快速蒙版模式编辑"按钮，切换为快速蒙版模式。

切换为快速蒙版模式后，选择"滤镜">"模糊">"高斯模糊"命令，对快速蒙版进行模糊处理。在绘图模式中通过选择"选择">"修改">"羽化"命令也可对选区进行模糊处理，但在快速蒙版模式中通过选择"滤镜">"模糊">"高斯模糊"命令直接为快速蒙版添加效果，可以一边观察模糊的长度，一边进行编辑。

通过选择"选择">"修改">"扩展"命令将选区扩展。
23-01

切换为快速蒙版模式，选择"高斯模糊"命令对快速蒙版进行模糊处理。
23-02

在快速蒙版中使用彩色半调

除对蒙版添加模糊滤镜外，还可以使用各种各样的滤镜。

首先创建选区并切换为快速蒙版模式，选择"滤镜">"像素化">"彩色半调"命令则可以制作出类似粗纹织物效果的边缘羽化，而通过"羽化"命令则不能制作出来。通常不使用类似的方法，但通过在选区蒙版中使用"彩色半调"命令可以轻松地创建具有独特效果的蒙版。

另外，该方法还有各种各样的用途。例如，使用"椭圆选框工具"非常难于操作，剪切近似于鸡蛋形状的物体时，通过使用"椭圆选框工具"将事先制作的圆形选区切换到快速蒙版，然后使用"扭曲"滤镜将其变形，则可以很轻松地确定选区。此外，使用"云彩"滤镜创建蒙版，并将其作为选区进行剪切，则可制作出在图像整体范围内雾气、烟霭弥漫的剪贴图像。

诸如此类，如果掌握暂时将选区作为快速蒙版进行编辑的技巧，则创建选区的工作将变得非常轻松。

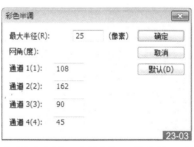

通过多边形选择工具创建选区，然后选择"滤镜">"像素化">"彩色半调"命令。
23-03

通过将快速蒙版切换为绘图模式后变为选区，将该选区设为图层蒙版则可剪切出图像。
23-05

通过在蒙版中使用彩色半调，可以轻松创建出类似这样带有独特边缘羽化效果的蒙版。
23-04

采用同样的操作剪切了多张照片并进行了置入，从而完成了一幅具有特色且生动的图像。
23-06

通过色彩通道创建Alpha通道

这里主要介绍如何对通道进行加工。下面对该操作的技巧进行介绍，虽然操作复杂，但笔者采用通俗易懂的语言进行介绍，以保证大家都能完成操作。

在此之前，我们学习了多种多样的创建选区的方法，另外，还有一种使用范围更加广泛的创建方法，即通过色彩通道进行创建，下面对该创建方法进行介绍。

对RGB及各色彩通道自身进行复制，可将复制的内容作为Alpha通道进行编辑，因此可从该处创建选区并剪切或用做蒙版。

1 确认各通道内的色彩信息

比较"通道"面板内的色彩信息，确认各图像的状态。这次仅选择烟花照片中的烟花部分。

通过比较各通道可知，细节部分中都包含红色通道（R），这是因为整个画面内覆盖着红色部分，通过观察全图通道（RGB）的图像也可明白这一点。因此这里使用红色通道创建蒙版。

Master通道（RGB）。

红色通道（R）。

绿色通道（G）。

蓝色通道（B）。

2 复制通道并进行调整

将红色通道（R）拖动到"通道"面板下部的"创建新通道"按钮上，这样将复制出一个名为"红副本"的Alpha通道。

对该通道进行编辑并创建选区。首先，为了增加层次感；可选择"图像">"调整">"亮度/对比度"命令对图像进行调整。稍微降低亮度，大幅提高对比度，使背景部分变黑。

复制红色通道（R）。

越是红色部分，越显现白色。

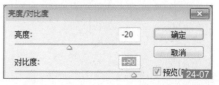

通过"亮度/对比度"对话框提高对比度。

3 在Alpha通道中绘图并进行调整

本次操作只选择烟花部分，因此删除不需要的部分。下面使用画笔工具直接填充黑色。

选择"画笔工具"后，设置工具箱中的前景色和背景色为黑色和白色，白色部分为选中的范围，黑色部分为蒙版。这里也可以再次创建选区并进行填充。进行细微调整时选用较细的画笔，大范围使用选区和填充可以高效地进行编辑工作。

25-01

通过画笔填充通道。

4 载入/剪切选区

调整多余的部分并完成"红副本"通道的编辑后，以该通道为源通道创建选区。在复制通道的时候，"红副本"即为存储到Alpha通道内的状态，因此可通过"载入选区"创建选区。通过"通道"面板切换为RGB显示，然后选择"选择">"载入选区"命令，在"载入选区"对话框中设置并执行通道"红副本"，这样就创建出了烟花的选区。

25-02

通过"载入选区"对话框创建选区。

25-03

载入选区。

5 图层的创建/图像合成

在该状态下创建仅限于选区内的图层。通过按"Ctrl"键（Mac中的"command"键）和"J"键可以创建"通过拷贝的图层"。通过选择"图层">"新建">"通过拷贝的图层"命令也可进行同样的操作。将该图像合成到背景中，通过移动工具将其拖动到用做夜景的图像窗口中，然后调整其大小并对其进行颜色调整，即可完成编辑。

25-04

仅剪切出烟花。

25-05

合成到夜景中。

04
DAY
026
Photoshop
Basic Knowledge

Photoshop
Design Lab

图层基础知识

从Photoshop 3.0版本开始增添的图层功能，发展至今，已成为了必不可少的功能。然而理解了该功能全部内容的人可能并不多，下面对图层的概要进行详细的说明。

所谓Photoshop中的图层是指类似透明薄膜的概念，用户可以根据需要对图层进行多层重叠操作。图层不仅可以重叠，还可以更改透明度，使相互重叠的图层中下层图层的图像通透，或是使用各种各样的方法赋予图像特殊效果。用户可对各个图层单独进行编辑，也可以同时编辑多幅图像。通过使用图层，可进行多幅图像的合成以及在图像中添加文字等操作，从而很好地提高排版等操作的工作效率。

图层的功能和种类

图层是构成Photoshop的核心功能，根据用途的不同，可分为许多种类。

图层包括显示图像及文字的图层、对其他图层进行色彩调整的图层、添加滤镜功能的图层等。

图层具有改变图层间视角的绘图模式，将图层本身作为蒙版使用的剪贴蒙版等多种使用方法。右表中显示的内容是图层的种类和使用示例。

在Photoshop CS3中增添了称为"智能对象"和"智能滤镜"的功能，该功能可在不降低原图画质的前提下对图像进行任意次的编辑。这种不降低原图画质的编辑被称为非破坏性图像处理，图层效果功能和调整图层等也包含在内。

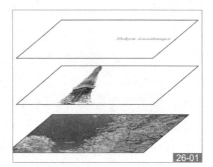

26-01

进行实际图像编辑时的图层是由各种各样的图层重叠复合而成。各个图层分别独立，因此可方便地进行调整。

26-02

将左侧图层进行合成后得到的实际图像。

图层的功能设定。

种　类	用　途
图像图层	位图图像的图层。如果进行变形，则画质将降低
调整图层/填充图层	可进行亮度及色彩校正、添充颜色及渐变等调整。可进行多次修改操作，而并不对原图（下层图像）进行直接编辑，因此不会降低图像画质
文本图层	输入、排列文字的图层。使用文本工具输入文字时自动创建文本图层，并且可在以后进行字体及字号的更改
智能对象（CS3）	在PhotoshopCS2中是对象图层。虽为位图图像，但不管进行几次变形，都不会降低图像画质
智能滤镜（CS3）	对于智能对象，可像调整图层一样添加滤镜。可进行多次修改操作，而并不对原图（下层图像）进行直接编辑，因此不会降低图像画质
群组文件夹	可对各种图层进行汇总的文件夹。因为使用文件夹方便了图层管理，所以也可对群组文件夹使用图层蒙版
图层样式	可在图层中添加"投影"、"发光"及"斜面和浮雕"等特殊效果，也可同时制定多种效果。并且可进行多次修改操作，而并不对原图（下层图像）进行直接编辑，因此不会降低图像画质
图层蒙版	位图图像的蒙版，可通过画笔工具或选择工具进行编辑。可进行多次修改操作，并不对原图进行直接编辑，因此不会降低图像画质
矢量蒙版	矢量图形的蒙版，可进行多次修改操作，而并不对原图进行直接编辑，因此不会降低图像画质

图层面板（26-03）标注：
- 文本图层
- 群组文件夹（使用图层蒙版）
- 调整图层（使用剪贴蒙版）
- 调整图层（使用剪贴蒙版）
- 背景

智能滤镜

智能滤镜是从PhotoshopCS3版本开始增加的功能。每次对Photoshop进行版本升级时，都会增加调整图层等可在中途任何时候进行重新操作都不会对原图造成影响的功能。

如果利用智能滤镜，可在将图像转换为智能对象的状态下使用滤镜，从而可在不更改原图画质的状态下使用滤镜进行非破坏性编辑。使用的智能滤镜保存至"图层"面板中，任何时候都可再次进行编辑。另外，也可在智能滤镜中设定蒙版的范围，从而更加精细地进行滤镜加工。

26-04

智能滤镜的最大优点是可进行非破坏性编辑。

"图层"菜单和"图层"面板

图层是Photoshop的核心功能之一。在进行图层操作时,可以通过"图层"菜单和"图层"面板完成操作。

无论使用哪种方法,都可进行基本相同的操作,同每次都打开"图层"菜单相比,使用"图层"面板效率更高。

"图层"面板几乎囊括了所有经常使用的功能,建议习惯之后尽量使用"图层"面板。

同其他功能相同,Photoshop对与图层操作相关的功能也定义了快捷键。习惯之后仅通过快捷键和"图层"面板即可进行操作,从而使工作变得更加高效。

"图层"菜单中的大部分操作在"图层"面板中也同样可以实现。习惯使用之后,同使用"图层"面板相比,使用快捷键的效率更高。

"图层"面板控制菜单是"图层"面板的子菜单,例如,具有复制图层、删除隐藏图层等许多"图层"菜单中所不具备的功能。

"图层"面板的功能说明

混合模式:进行绘图设定。绘图设定将在"图层的混合模式"中进行详细说明。

不透明度的调整:进行图像不透明度的设定。例如,如果将其设定为50%,则以50%的透明度进行显示,可透视到下层图像。

填充的调整:设定单个绘图部分的透明度。填充的调整与不透明度的调整相似,对调整图层并无影响。

各种锁定按钮:使选中的图层不可编辑。可锁定的种类是透明度、图像矢量、位置和图层本身。

图层的显示/隐藏:进行显示和隐藏的设定。虽然是为了图层的显示和隐藏,但可以进行编辑。

链接图层:在图层之间进行链接。将图层之间进行链接,可进行移动等编辑。

添加图层样式:在图层中添加样式,可添加投影、内投影、发光、斜面和浮雕、光泽、颜色叠加、渐变叠加、图案叠加和描边等样式。

添加图层蒙版:在图层中添加蒙版。使用不透明通道及选择范围在图层中添加蒙版。

创建新的填充或调整图层:在图层中进行调整编辑。可给图层填充纯色、渐变,可以调整图层的色彩调整曲线、色彩平衡、亮度、对比度、色彩/饱和度通道混合器、渐变映射、照片滤镜、反相、阈值、色调分离等。

创建新组:用于将图层保存到文件夹中。想管理多个图层时,可分别按文件夹进行管理。

创建新图层:添加图层。可添加无限制数量的图层。但是如果创建过多的图层,则文件所占的存储空间过大,对处理造成影响。

删除图层:删除图层。只删除目标图层,但如果删除编组,则组内的图层都将被删除。

图层的显示与隐藏

如果单击图层左侧的眼睛图标,则可切换图层的显示与隐藏状态。显示眼睛图标的图层为显示状态,无眼睛图标的图层为隐藏状态。并且眼睛图标为灰色且颜色变淡的图层也为隐藏状态。

背景的锁定删除

当背景图层为锁定状态时,不能进行移动及图层顺序的更改等编辑,此时需进行解除锁定操作(可双击背景图层)。

图层的合并和拼合

由于编辑内容的不同,各种各样的图层越来越多,有时图层会占满了"图层"面板。虽然可使用文件夹进行整理,但有时对占存储空间较多的图像进行编辑时,处理速度将变慢。遇到诸如此类的情况时,需将已不再进行编辑的图像合并。在"图层"面板中按住"Ctrl"键(Mac中的"command"键)的同时单击想合并的图层,然后选择"图层">"合并图层"命令,选中的图层即可被合并到一个图层中。

剪贴蒙版

如果使用剪贴蒙版,可只对下一层图层施加效果。新建调整图层并进行色彩和饱和度等的调整时,如果为默认状态,则效果将被应用于下层所有图层。只想对直接下层图层应用效果时,通过"图层"面板,按住"Alt"键(Mac中的"option"键)并单击图层和图层之间,则可迅速使用剪贴蒙版。通过"图层"面板控制菜单也可使用剪贴蒙版。

图层的混合模式

每次进行版本升级时，图层混合模式的功能都有所强化。下面以经常使用的混合模式为例对混合模式的作用进行详细讲解。

混合模式用于指定图层的叠加方法，并且，除图层之外，画笔类的"钢笔工具"等也可指定混合模式。

如果在图像中将图层进行层叠，则除透明部分外，下层图层隐藏于上层图层中不可见。此时，如果将上层图层中的"混合模式设为"正片叠底"或"颜色加深"、"滤色"、"叠加"等时，图像瞬间发生变化，下层图层透视可见，呈现出未曾料到的新图像。这是因为混合模式是根据上层图像和下层图像的各通道颜色及亮度等信息来计算结果的。下表中列出了各混合模式的详细说明。

仔细观察各混合模式的效果可知，即使使用相同的混合模式，如果上层图像和下层图像的亮度及颜色不同，则合成后的图像也将有所差异。为了尽量创作出我们预期的图像，应认真理解混合模式的效果。为了尽快习惯该功能，尝试各种各样的混合模式时，应根据不同案例进行选择。在反复操作的过程中一定可以找到适合自己的样式。

各种混合模式的效果说明

下表是对通过"内发光"添加高光，通过"投影"去除影子的文本图层应用各种混合模式后得到的示例图集，以"正常"混合模式中的图像为基准确认各种混合模式的效果差异。为了更便于确认效果，仅将"溶解"的不透明度设为75%，除此之外全部为100%状态。

选择混合模式。

模式	说明	效果	模式	说明	效果
正常	初始设定值。上层图层不透明，照原样层叠	Beaut	浅色	比较绘图色和底图颜色的全部通道值的合计，显示数值较高的颜色	Beaut
溶解	在图像的边缘柔化部分中添加溶解效果。如果改变透明度，则可根据其程度随机添加溶解效果，替换为底图颜色或绘图色	Beaut	叠加	根据底图颜色对绘色进行正片叠底或滤色。将底图颜色与绘图色进行混合，反映出底图颜色的亮度或暗度	Beaut
变暗	基于各通道的颜色信息，将绘图颜色或绘图色中较暗的一方作为最终色	Beaut	柔光	根据绘图色明暗度来决定最终色变暗还是变亮。当绘图色比50%的灰要暗时，则类似使用颜色加深那样变暗。当绘图色比50%的灰要亮时，则类似使用颜色减淡那样变亮	Beaut
正片叠底	基于各通道的颜色信息，在底图颜色上乘以绘图色。类似将底片重叠的感觉，变为暗色。白色即使进行正片叠底也不发生变化	Beaut	强光	根据绘图色明暗度决定是正片叠底还是滤色。当绘图色比50%的灰要暗时，则类似使用正片叠底那样变暗。当绘图色比50%的灰要亮时，则类似使用了滤色那样变亮	Beaut
颜色加深	基于各通道的颜色信息，调暗底图颜色，强化对比度，反映出绘图色	Beaut	亮光	根据绘图色增加或降低对比度，决定是加深颜色还是减淡颜色。当绘图色比50%的灰要暗时，通过增加对比度使图像变暗。如果绘图色比50%的灰要亮时，则通过降低对比度使图像变亮	Beaut
线性加深	基于各通道的颜色信息，调暗底图颜色，降低亮度，反映出绘图色	Beaut	线性光	根据绘图色通过增加或降低亮度，加深或减淡颜色。当绘图色比50%的灰暗时，则通过降低亮度使图像变暗。当绘图色比50%的灰亮时，则通过增加亮度使图像变亮	Beaut
深色	比较绘图色和底图颜色的全部通道值的合计，显示数值较低的颜色	Beaut	点光	根据绘图色替换颜色。当绘图色比50%的灰要暗时，则比绘图色亮的矢量被替换。当绘图色比50%的灰要亮时，则比绘图色暗的矢量被替换	Beaut
变亮	基于各通道的颜色信息，将底图颜色或和成色中较明亮的一种作为最终色	Beaut			
滤色	基于各通道的颜色信息，将绘图色和底图颜色进行反色得到的颜色施加正片叠底。类似于将幻灯片重叠进行投影的感觉。黑色即使进行滤色也不发生变化	Beaut	实色混合	将绘图色中RGB的各通道值追加到底图颜色中的RGB值中。当相加值为255以上时，数值为255，当相加值不足255时，数值为0。所有的矢量都被定义为0~255中的RGB值。因此，所有的矢量将变为红、绿、蓝、青、黄、品红、白、黑	Beaut
颜色减淡	基于各通道的颜色信息，调亮底图颜色，降低对比度，反映出底图颜色	Beaut			
线性减淡（添加）	基于各通道的颜色信息，调亮底图颜色，增加亮度，反映出绘图色	Beau			

差值	基于各通道的颜色信息，从底图颜色中去除绘图色或从绘图色中去除底图颜色。从亮度数值大的像素值中去除较小像素值的颜色	 (Beaut)
排除	与"差值"模式相似，但效果对比度将变得更低	(Beaut)
色相	将绘图色的色相合成到底图颜色的亮度和饱和度中	(Beaut)
饱和度	将绘图色的饱和度合成到底图颜色的亮度和色相中	(Beaut)

| 颜色 | 将绘图色的色相和饱和度合成到底图颜色的亮度中。是"亮度"模式相反的效果 | (Beaut) |
| 明度 | 将绘图色的亮度合成到底图颜色的色相和饱和度中。是"颜色"模式相反的效果 | (Beaut) |

·底图颜色：下层图层的颜色。
·绘图色：上层图层的颜色。
·最终色：合成后的颜色。

混合模式的比较

图 29-03 和图 29-04 所示为将图 29-01 分别按照"正片叠底"和"滤色"混合模式重叠到黑白原图 29-02 中的效果对比。这两个是极端的示例，应该易于理解。正片叠底时明亮部分变为粉色，滤色时暗色部分变为粉色。观察混合模式下拉列表可知，混合模式分为了几组，这些模式分别具有不同的特性，与"正片叠底"处于同一组的是使图像变暗的混合模式，与"滤色"处于同一组的是使图像变亮的混合模式。

这两个组中的混合模式是Photoshop图形编辑技巧中经常用到的模式，因此如果能记住其效果，则能使用各种应用技巧。

原图。

更改原图上层图层混合模式的图层。

正片叠底。

滤色。

"不透明度"和"填充"的设定

"图层"面板中具有"不透明度"的设定，通常设定不透明度为100%。这是完全不透明的状态。在该状态下单击"不透明度"旁边的三角按钮，将滑块向左侧拖动，则可设定图像的不透明度。随着不透明度的下降，下层图层逐渐透视可见。如果不透明度达到0%，则变为完全透明。

不透明度可通过3种方法进行设定。第一种方法如上所述，单击三角按钮，向左拖动滑块。第二种方法是直接输入数值。第三种方法是直接在"不透明度"字样上向左或向右拖动。

"填充"与"不透明度"相同，都可以使图层变得透明。与"不透明度"的不同之处在于，"填充"中的画笔及形状、文本等（或填充部分）对应的部分仅可使用不透明度。

在文本图层中添加投影等效果，降低"填充"值时，文本的填充颜色逐渐变为透明，与此相对，投影部分的不透明度不发生改变。

"图层"面板中"不透明度"和"填充"的设置。

"不透明度"为100%，"填充"为100%的效果。

"不透明度"为30%，"填充"为100%的效果。

"不透明度"为100%，"填充"为30%的效果。

图层蒙版

图层蒙版是指隐藏图层一部分的功能，分别在图像图层和调整图层的一侧用隐藏链接表示。

图层蒙版是位图图像的蒙版，可通过绘画工具和选择工具进行编辑。因为不是对原图进行直接编辑，所以可对蒙版进行多次修改操作。（蒙版本身是灰阶图像，位图扩大或缩小都会降低图像画质。）

通过图层蒙版可一边观察编辑图像，一边进行图层的微调，从而使整个图像的合成和色调的修改变得轻松。如果不使用蒙版进行图像合成，需要把合成的图像整齐地剪下再合成。实际上图像过大或过小都需要再编辑。然而，如果使用图层蒙版重叠布置背景图像或进行图像的合成，就可在确认现状的情况下操作，因此可以高效率地工作。

图层蒙版不仅可添加图像图层，即使是文本图层和编组文件夹，也同样可通过添加按钮添加。

在调整图层和填充图层中一旦添加图层，从一开始就能在图层蒙版被自动添加的状态下完成。

在为图层添加图层蒙版时，可以单击"图层"面板下面的"添加图层蒙版"按钮。（不能对锁定的背景图层添加图层蒙版。）

图层蒙版的添加和编辑

在图层中添加图层蒙版时，可以单击"图层"面板下部的"添加图层蒙版"按钮。（但不能在已锁定的背景图层中添加图层蒙版。）

对图层蒙版进行编辑时，可使用画笔工具等绘制工具绘制蒙版。此时必须单击"图层"面板中的图层蒙版部分，然后进行编辑。注意不要忘记单击之后再选中图层蒙版。如果忘记该操作，将直接对图像本身进行编辑。

还有另外一种编辑图层蒙版的方法，首先使用选择工具创建选区，然后在该状态下单击"添加图层蒙版"按钮创建蒙版。通过该方法可创建与选区范围相同的图层蒙版。

在添加了图层蒙版的状态下，图层蒙版的缩略图标变白。

这是通过"图层"面板选中图层蒙版部分的状态。通过画笔绘制黑色图形，则绘制的部分将显示在蒙版缩略图中，下面的图层呈透明状态。

在之前绘制黑色图形的位置绘制白色图形，则已绘制部分的蒙版解除。如果在下面图层中呈透视显示的部分中用白色进行绘制，则解除的蒙版再次显示出原图。

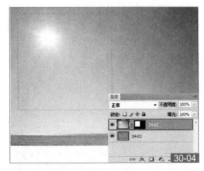

首先创建选区，在该状态下单击"图层"面板下方的"添加图层蒙版"按钮。

这样即可创建与选区范围相同的图层蒙版。

默认状态下，在添加了图层蒙版的时候，图层缩略图标和图层蒙版缩略图标之间显示链接图标。即在图层和图层蒙版之间创建了链接的关系，在这种状态下进行放大、缩小等变形及移动等操作时，将同时对蒙版及图层产生作用。在进行蒙版编辑之前，需确认图层和蒙版之间的链接状态。

在图像图层中使用图层蒙版的示例

将图 31-01 的天空合成到图 31-02 中的海面中。选择图 31-02 中的海面部分作为图 31-01 的图层蒙版。这样将显示出隐藏于图 31-01 下部的图 31-02。这是将部分图像图层通过图层蒙版隐藏并进行合成的基本方法。

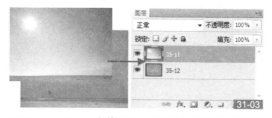

因为只需要图 31-02 中的海面，所以将天空的图像置于海面图层的上方。

添加图层蒙版后，单击"图层"面板中图层蒙版的缩略图，选择图层蒙版（注意不要忘记该操作），然后在图层蒙版中进行编辑。

在该图中只使用天空部分。

在该图中只使用海面部分。

在选中"图层1"的状态下，单击"图层"面板下方的"添加图层蒙版"按钮，即可在"图层1"中添加图层蒙版。

该示例中的水平线看似呈直线状态，但其中有若干弯曲部分，因此将其选中，从该处开始创建选区，并为图层蒙版填充黑色。后部的椰子树干部分稍显细小，因此使用画笔工具对图层蒙版进行微调。

在图层中使用图层蒙版的示例

也可对群组文件夹使用图层蒙版。这对于在多幅图像中必须使用相同蒙版效果等情况显得尤为重要。创建方法与其他操作相同，通过"图层"面板选择群组文件夹，然后单击"图层"面板下方的"添加图层蒙版"按钮。

在右侧图像的示例中，通过在包含有东京塔图像（已使用调整图层及智能滤镜）的群组文件夹内全部使用图层蒙版，可不直接更改原图任何数据而将东京塔合成到樱花背景中。

原图。

在群组文件夹内全部使用蒙版。

对群组文件夹添加图层蒙版，通过蒙版将东京塔之外的部分隐藏。这样不对群组文件夹内的每个图层进行编辑，就可一次性调整群组内的所有内容。

在调整图层中使用图层蒙版的示例

不对图像整体而仅对部分图像使用调整图层时，图层蒙版具有非常重要的作用。通过调整图层的图层蒙版，可以将不需要调整的部分隐藏。图像中的玫瑰因与背景色过于接近，导致作为主体的玫瑰并不突出，为了改变背景的色相和亮度从而突出主体，使用对调整图层的曲线进行了调整。使用图层蒙版为玫瑰部分填充黑色，保证玫瑰上不使用调整图层，这样玫瑰和背景色相之间便可出现差异，从而使主体更加突出。

原图。

仅对背景部分使用调整图层。

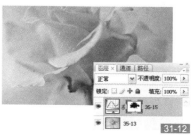

通过为调整图层中添加图层蒙版，可在不剪切玫瑰图像的前提下进行编辑。

调整图层和填充图层

调整图层和填充图层能够在不损失画质的前提下实施色调调整，操作非常方便。下面对其基本用法进行介绍。

在对图像进行亮度调整、色彩调整、单色填充及渐变填充时，调整图层和填充图层是非常重要的功能。

在反复进行位图图像的放大、缩小、亮度及对比度调整、颜色调整后，图像会不断出现画质损失，例如，发生了人眼看不到的色调跳跃、颜色饱和度变化等，从而在不知不觉中导致画质下降。而且，对于画质已经降低的图像不能再进行复原。

进行图像的合成和调整时，大多不能一次性完成，因此为了获得满意的效果，需要进行反复编辑。这种情况下调整图层将发挥很大的作用。调整图层并不直接对原图（下层图层）进行编辑，因此不管如何进行编辑，都不会导致图像画质损失。

在不直接对图像的曲线及色相/饱和度等进行调整的情况下，可以创建曲线及色相/饱和度的调整图层。另外，调整图层的优势在于可对多个图层进行调整。与图像图层相同，也可使用图层混合模式、更改不透明度等，可表现的领域非常广泛。

调整图层和填充图层的创建

可通过"图层"菜单创建调整图层和填充图层，但通过"图层"面板的"创建新的填充或调整图层"按钮进行创建则更快捷、简便。

单击"创建新的填充或调整图层"按钮，在弹出的下拉菜单中包含调整图层及填充图层中可使用的所有选项。从该菜单中选择需要的选项，即可打开对应的设置对话框。完成并确定对话框设置后，即可创建调整图层及填充图层。

菜单上部的3项为填充图层，其他为调整图层。默认状态下，如果添加了调整图层和填充图层，则自动添加图层蒙版。完成编辑后如需再次进行编辑，则双击要编辑的调整图层或填充图层的缩略图标，这样可调出相应功能进行再次调整。

在右侧的示例中，原图 32-01 中作为背景的荷叶的色调和对比度较为相似，中心花朵给人并不醒目的感觉，因此使用调整图层对原图进行调整，以完成类似图 32-05 更加鲜艳且醒目的效果。

首先，在选中图 32-01 所在图层后单击"图层"面板下部的"创建新的填充或调整图层"按钮。其次，创建"色相/饱和度"调整图层，小幅提高整体对比度，在"色相/饱和度"调整图层上部创建"曲线"调整图层，并对高光和阴影部分的颜色饱和度进行微调（见图 32-02）。

使用调整图层可以获得极具层次感的图像（见图 32-03），如果在"亮度/对比度"调整图层中使用图层蒙版将图像周围的亮度调暗，则位于中心的荷花将更加突出，更加醒目。

原图。

调整图层的使用示例。

调整图层的使用示例（添加图层蒙版）。

使用亮度/对比度调整图层，通过在图像的中心部分添加蒙版，降低图像周围的光量，会使图像更具层次感。

单击"图层"面板下方的"创建新的填充或调整图层"按钮，在弹出的下拉菜单中选择需要的选项。

原图的对比度较低，使用曲线和色相/饱和度调整图层提高图像的饱和度，并且稍微提高对比度，从而增强图像的层次感。

图层样式和文本图层

通过使用图层样式，可在不降低画质的情况下方便地在图层中添加特殊效果。文本图层是Photoshop中唯一可以处理文本的图层。下面对图层样式和文本图层进行介绍。

通过"投影"图层样式可在图像中添加阴影，通过"斜面和浮雕"图层样式可增加立体效果，通过其他图层样式还可增加各种各样的色彩效果和特殊效果。

在添加图层样式之前，如果为了达到同样的效果，需要使用蒙版和滤镜进行反复试验，并且在之后对其进行编辑时需要花费大量的精力。

现在使用图层样式可一边观察效果一边直接进行快速创建或微调。不管进行怎样的编辑，都不会造成图像画质损失，非常方便。

另外，图层样式中经常用到"投影"和"斜面和浮雕"。这两项功能可使用光源和阴影增添效果，从而表现出细致入微的效果。

图层样式基本上可用于所有的图层，但较少用于整个画面的图像调整图层。这是因为在整个画面图像中添加后看不到投影效果。在文本图层及形状图层等剪切图像中使用效果最佳。

❖ 图层样式的创建和编辑方法

图层样式的创建方法可分为两种，一种是通过"图层"菜单选择图层样式，另一种是通过"图层"面板进行选择。单击"图层"面板中的"添加图层样式"按钮即可弹出图层样式菜单，此方法最为简单。从该菜单中选择要使用的样式，则可打开"图层样式"对话框。

使用多种样式时，可从左侧列表框中选择需要并添加要使用的样式，完成调整后单击"确定"按钮。需要再次进行编辑时直接双击"图层"面板中的效果或要编辑的样式，这样便可以打开"图层样式"对话框。

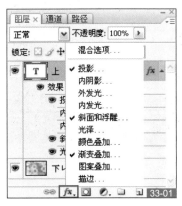

单击"图层"面板下方的"添加图层样式"按钮，则显示出图层样式菜单，选择需要的样式即可。

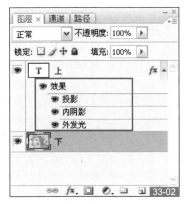

在"图层"面板中的文本图层内使用了图层样式。

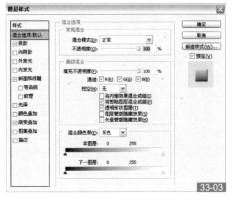

选择图层样式则可打开"图层样式"对话框。可分别对各个样式进行编辑。

❖ 图层样式的创建示例

鼠标右键单击应用了图层样式的图层右端的▲按钮（在Mac中按"control"键），则可弹出快捷菜单。虽然可以通过此快捷菜单对图层样式进行编辑，但更方便的是"拷贝图层样式"或"粘贴图层样式"命令。选择这两个命令，可将样式粘贴到需要应用相同样式的图层中。另外，快捷菜单中还备有可对效果进行放大和缩小的功能。

图层样式子菜单。

投影
比较常用的表现手法。虽然也可以通过其他制作方法加以实现，但使用图层样式可进行任意次数的编辑，并且进行微调时十分便捷。

内投影
营造出内侧添加投影、文字凹陷的效果。

斜面和浮雕
通过类似去掉边缘的效果营造出立体感。

投影＋斜面和浮雕（内侧斜面）＋渐变叠加
同时应用3种样式。看似比较复杂，但其实可以很方便地完成创作。

05
DAY
034
Photoshop
Basic Knowledge
Photoshop
Design Lab

色彩管理的基础知识

为了正确地进行色彩调整，需要掌握色彩管理的知识。正确掌握基础知识后，可以随心所欲地完成作品的颜色处理，提高画质。

在图像编辑过程中无论花费多长时间，如果输出的颜色发生偏差，可能全部的辛劳都将付之东流。

色彩管理系统是解决打印机和画面颜色偏差问题的体系结构，通过对基于ICC配置文件的装置校正、色彩空间及配置文件转换方法的设置等，可实现对色彩的管理。

Photoshop的"工作空间"一般称为色彩空间。在实际运行中进行数字数据输出（显示器及打印机）时，不能再现人类所能识别的全部色彩。因此，将在哪个范围之内可通过数字数据进行处理定义为色彩空间，确定可再现的广度（空间）。也就是说，在色彩空间A中与色彩空间B中数值相同的（R:0，G:255，B:0）颜色，实际颜色也将出现差别。

进行色彩管理时，可通过RGB及CMYK等选择工作空间（色彩空间）。在本项中主要以RGB格式进行解说，但在基础部分中RGB和CMYK都可进行大致相同的处理。

也就是说，即使通过RGB创建数据，转换为CMYK时也能以最小的损失完成转换。因此，利用这一特点，在商业印刷中也可以输入RGB数据了。

颜色管理和色彩空间之间的关系

RGB色彩空间的代表性规格有sRGB和Adobe RGB两种。

sRGB是国际电工委员会（IEC）制定的国际标准规格，几乎所有的显示器和打印机都能够表现这种色彩空间。而Adobe RGB规格是由Adobe Systems公司倡导的色彩空间定义的，比sRGB色彩展现领域更加广泛。

在本项中主要基于Adobe RGB规格进行说明，但由于几乎所有的显示器及打印机中都以sRGB为前提，因此通过sRGB进行创作也并无问题。

在Photoshop CS4中实施色彩管理时，需要根据自己的需要更改设置。设置色彩时可选择"编辑" > "颜色设置"命令。另外，该设置不仅会影响到打印输出，还将影响到显示器中的显示。

观察图 34-01 可知，在sRGB中绿色的再现性非常低，另外，也可知道在CMYK的胶版印刷中不能再现Adobe RGB全域。色彩空间最少具有3种坐标（R、G、B），因此原本应为三维坐标，但如图 34-01 所示，省略亮度坐标做成二维坐标，则可以观察并比较各个颜色模式的色彩表现力界限值。

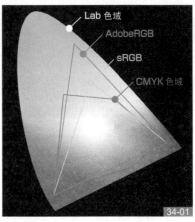

CIE色度图。

CMYK和RGB

通过色彩管理进行设置的项目因使用CMYK或RGB而有所不同。这是因为从RGB向CMYK转换时可在不丢失信息的状态下实现转换，而从CMYK向RGB转换时，与原来RGB的信息量相比出现了损失。将人眼能够识别的范围通过数字化表示制成表，该表称为国际发光照明委员会（CIE）色度图。如果将CMYK和RGB可表现的范围基于CIE色度图制成表进行表现，则RGB范围更宽广。更改可表现范围并使用到不同色彩空间的操作称为"创建色彩空间图"，但将狭域色彩空间更改为广域色彩空间时，不能提高实际品质。

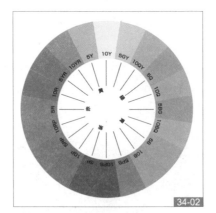

通过RGB实施的显示模拟。

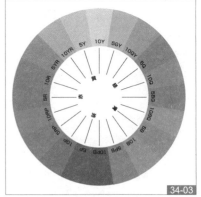

通过CMYK实施的显示模拟。

更改色彩空间的方法

在Photoshop中所有的颜色都通过0~255中的数值定义为RGB值。我们平常使用时可不必在意色彩空间。但是RGB值与色彩空间紧密相关，根据编辑内容的不同有时需要转换为不同的色彩空间。

更改色彩空间的方法分为"指定配置文件"和"转换为配置文件"两种。"指定配置文件"是指仅替换指定色彩空间内的配置文件。"转换为配置文件"是指在计算后更改RGB值，做到了色彩空间即使发生变化，也尽量保证相同的显示。通常使用"转换为配置文件"。

Photoshop的色彩管理

下面对色彩管理中所需的配置文件及其创建方法、打印机设置进行简要介绍。为了正确进行色彩管理，配置文件的正确创建方法及应用十分重要。

色彩管理的应用方法因制作环境等不同变化较大，但其由以下3个要素构成是相同的。

1．确定将要使用的色彩空间。

2．创建与设置显示器配置文件和打印机配置文件。

3．确定色彩转换方法。

在该项中将以显示器和打印机为重点，对配置文件的创建和设置方法进行介绍。

显示器配置文件

在显示器上显示色彩空间及转换方法是进行色彩管理的基本要素。创建显示器配置文件时有以下两种方法，一种是使用专用硬件检测显示器颜色，另一种是在观察屏幕的同时使用OS附带的功能。近年来价格低廉且性能良好的硬件校正工具已在市面上销售，出于精度及可靠性方面的考虑，强烈建议使用可正确检测显示器色彩特性的专用硬件校正工具。

校正工具

校正工具的作用是依靠校正设备对各个设备的显示性能进行检测，并自动创建色彩配置文件。与人类的模糊感觉不同，使用该工具时极少出现错误，仅通过该工具创建配置文件即可完成色彩校正时所需的大部分工作。

如果只需要准确调整显色器色彩，700～3 500元左右的产品即可。

校正工具由色彩检测仪和专用软件组成，如果和配套显示器共同使用，则能完全自动地进行色彩调整。

为了进行校正，需要检测数据的颜色、显示及输出颜色的误差。色彩管理本身由软件即可完成，在进行校正时需要检测实际显示和输出的颜色。

校正工具由称为专用测色仪的硬件和软件构成，根据可校正范围和精度的不同分为不同的规格。价格低廉的产品仅适用于显色器的校正，昂贵的设备则可对打印机进行校正，也可以进行版本升级（见图 **35-01**、图 **35-02** 和图 **35-03** ）。

eye-one软件在精度及易用性方面向来具有良好的口碑，且可以进行升级，是一款面向初级用户乃至专业用户的产品。

ColorVision公司的Spyder2和Spyder3系列产品具有价格低廉、性能卓越的良好口碑。虽为价格低廉的产品，却具有相当高的精度，是很受初级用户欢迎的产品。

Huey是价格比较便宜的显示器色彩校正工具，可根据使用目的实现优化处理。但是从严格意义上讲，它并不是色彩管理工具，只是一款显示器优化处理工具而已。

打印机配置文件的设置

打印机配置文件描述包括特定的打印机和纸张，再现怎样的色彩等。使用校正工具进行创建或者从打印机生产厂家或纸张生产厂家的网站下载皆可。

输出时使用色彩管理的方法有许多种，如果设置得当，则能获得正确的图像。但是并不是正确配置了打印机文件就能获得完美的输出效果。最终目标只是尽量接近Photoshop内显示的图像。

关于打印机配置文件的指定，必须指定Photoshop侧或打印机驱动侧任意一项，不能同色彩管理的功能发生冲突。如果两种色彩管理功能设置不当，不仅会导致不能准确打印，还可能出现故障。

通常的打印机对话框。

色彩模式和颜色设置

这里对色彩空间及色彩模式的概要和各自之间的使用差异进行介绍，并对Photoshop中颜色的详细设置方法进行介绍。

色彩模式是根据不同文件形式设置的颜色再现方法。色彩模式从大的方面可分为两种，即RGB模式和CMYK模式。

RGB模式以人类所能识别的所有颜色为对象，优点是可指定所有能考虑到的色彩。CMYK模式假定以印刷原色油墨为对象，优点是可直接指定胶版印刷的油墨量（即网点）。

颜色设置是对Photoshop内处理颜色设置规则的项目。在当前的色彩管理系统中，需要设定在实际操作中实现何种程度的色彩范围，将其事先作为色彩空间进行设置。

色彩管理中色彩模式的选择方法

进行色彩管理时需要确定色彩模式。首先比较RGB模式和CMYK模式的差异，通过观察下表可知，二者的目的完全不同。

RGB模式以人类的视觉为目标，而CMYK模式直接以指定胶版印刷的网点为目标。

进行色彩管理时，根据图像的处理方法及工序区分二者为妥。

近年来随着印刷行业的数字化发展，通常都采用RGB图像输入数据，这是因为如果是RGB数据，则无需特别在意硬件拷贝的反射浓度及印刷环境，即可获得最佳的印刷效果。

另外，RGB数据转换为CMYK数据时，基本上不会发生画质损失，这也是RGB数据的优势所在。但是，有关输入数据时的色彩指定，接收数据的印刷公司可能会有不同要求，因此在输入数据时提前进行确认最为妥当。除此之外，如果把RGB到CMYK的转换作为目标，则应确认印刷单位是否能够提供转换平台。

RGB模式	CMYK模式
定义了各颜色（红、绿、蓝）0～255中的数值	定义了各颜色（青、洋红、黄、黑）中0%～100%的数值
RGB值和设备之间只有相对性关系	CMYK值原本为胶版印刷时油墨的网点值，因此并无相对性
以人类能够识别的颜色为基准	以油墨颜色为基准
将全部色彩以相同数值进行混合则变为无色	将全部色彩以相同数值进行混合也不会变为无色
色彩空间广泛	色彩空间不广泛

CMYK模式和RGB模式除上述不同之外，在对浓度色阶系统和面积色阶系统的整合部分也具有极大的差异。浓度色阶系统可表现更加丰富的渐变层次，因此是色彩空间广泛的RGB模式中进行色彩管理时必不可少的项目。

如何选择适合自己的色彩空间

不知道最终将要打印的色彩空间时，创建更广域的工作色彩空间能在之后的操作中获得很好的结果。但是，即使使用色彩空间狭窄的sRGB，最终输出规格也为sRGB，从最开始阶段便使用sRGB进行编辑较为方便。

与原图相比较而言，只要对数字数据进行编辑，势必发生画质损失，即使缩小图像或旋转图像也将产生画质损失。

同理，在进行色彩管理的过程中，如果对色彩空间进行转换，则将发生画质变化。少许颜色转换基本上不会对画质产生影响，但如果多次进行操作，则可能发生画质损失。因此，一旦确定并设置了色彩空间，则尽量不要进行更改。

Photoshop中通过选择"编辑"＞"颜色设置"命令可以对色彩模式和颜色进行设置。但是多数情况按照默认设置进行使用。当然，按照默认设置也能进行创作，但为了获得更加有效的输出，建议通过"颜色设置"进行设置。

原图具有广域的色彩空间（Adobe RGB）时，在输出前进行色彩转换能够获得较高的画质。这是因为在临近打印之前运用了Adobe RGB的广域色彩空间。

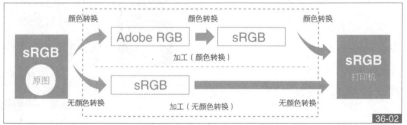

原图为窄域的色彩空间（sRGB），打印也是同样情况时，使用相同的色彩空间进行加工产生的色彩转换较少，画质较高。

"颜色设置"对话框的"工作空间"区域中可设置构成各色彩模式的色彩空间。

例如，RGB的色彩空间为"Adobe RGB"和"sRGB"，在CMYK中如果设置为"Japan color 2001"或"Japan Standard v2"，则各文件中自动选择RGB及CMYK中设置的色彩空间。

另外，打开不同色彩空间的图像时，按照何种规则进行转换是在"色彩管理方案"区域中设置的。然后，转换色彩空间时确定使用何种转换引擎，使用何种意图是在"转换选项"区域中设置。

"色彩管理方案"通常使用"转换为工作中的RGB"或"保留嵌入的配置文件"中的任意一个。

"色彩管理方案"区域下部的复选框如果不会对工作造成影响，全部将其选中比较稳妥。在"转换选项"区域中的"引擎"下拉列表中选择哪一选项基本没有区别，多数情况下选择"Adobe(ACE)"。"意图"的设置因操作对象的不同而有所差异，类似本书所举照片及图像时选择"可感知"。

如果操作对象是企业标志及插图，则有时选择"绝对比色"。

本书中的设置是，"工作空间"区域中的"RGB"为"Adobe RGB"，"色彩管理方案"区域中的"RGB"为"转换为工作中的RGB"、"转换选项"区域中的"引擎"为"Adobe（ACE）"，"意图"为"可感知"，并且选中其中的"使用黑场补偿"和"使用仿色（8位）通道图像"复选框。

色彩管理的设置比较难理解，掌握适合自己的环境也需要很长时间。

∷∷ "颜色设置"对话框的说明

37-01

工作空间

RGB：在该项中使用了"Adobe RGB（1998）"，但也可以指定"sRGB IEC61966-2.1"。大多数显示器和打印机都可使用sRGB，因此，如果使用sRGB，容易保证显示器和打印机颜色一致。

CMYK：胶版印刷中越来越多的人以"Japan Color2001 Coated"等作为目标。在胶版印刷中多进行颜色校正，如有疑问建议向印刷厂家进行确认。

选择"编辑">"颜色设置"命令，打开"颜色设置"对话框。

色彩管理方案

RGB：如果选择"转换为工作中的RGB"，即使打开正在使用的色彩空间图像，也将根据转换选项自动转换为工作中的色彩空间。

CMYK：同上，选择"转换为工作中的CMYK"，但输入数据时将配置文件从数据中删除时，以及在印刷厂家内去除配置文件时，需选择"保留嵌入的配置文件"或"关"选项。选择该项后，配置文件将不进行转换（仅限于未进行色彩管理时），从而能获得更高品质的图像。

配置文件不匹配：这是配置文件不匹配时的相关设置，全部进行转换时可不选中其中的复选框，想进行确认时选中。

缺少配置文件：该复选框一定要选中，如果不选中，则打开没有配置文件的文件时，将自动变为"无标签的RGB"，呈现未进行色彩管理的状态。

转换选项

引擎：不管设置为哪个选项，结果都不发生改变。"Adobe(ACE)"可用于Windows和Mac两种环境下。

意图：对照片及图像进行加工时，选择"可感知"能够获得比较自然的作品。

使用黑场补偿：多数情况下选中该项。即使配置文件发生转换，也会将浓度最高的部分调整为转换目标的最高浓度。

使用仿色：多数情况下选中该项。即使配置文件发生变化，也能再现更加自然的渐变。

高级控制

高级控制是面向专业人员的设置，大多数环境下无需选中即可使用。

1 确定将要使用的色彩空间

可通过"颜色设置"对话框中的"工作空间"区域进行选择。多数情况下使用宽域的色彩空间更能获得比较好的结果。但是，照片等由渐变构成的图像，由于色彩转换有时导致画质降低。公认具有最高画质输出的氯化银方式的打印机中，基于sRGB标准的情况较多，输出时选择以不进行色彩转换为前提的sRGB也能获得较佳结果。

选择Adobe RGB等宽域色彩空间的优势在于，从宽域的色彩空间转换为窄域色彩空间时能够充分使用该色彩空间。虽然需要根据输出环境选择色彩空间，但可以说越是宽域的色彩空间应对输出环境的能力越差。也就是说，即使是sRGB等，根据输出环境的不同也能获得优于Adobe RGB的高画质。

2 色彩转换方式的确定

可通过"颜色设置"对话框中的"色彩管理方案"区域选择色彩转换方式。

除需要保持标志等特定颜色的情况之外，通过选择"转换为工作中的RGB"或"转换为工作中的CMYK"，能实施自始至终的色彩管理。与确定将要使用的色彩空间相同，最终在去除配置文件及未曾实施管理的输出环境下，选择"关"选项有时也能获得好的结果。但是，在进行胶版印刷时即使去除配置文件，通过RGB也可创建数据，转换为CMYK时需要颜色样本。届时实施色彩管理后使用喷墨打印机等，将目标颜色呈现给客户。

曲线

曲线操作简便，是可以控制所有浓度、色阶和饱和度的工具。

曲线是Photoshop中构成色彩调整和色阶调整的核心功能。曲线是一款功能强大的工具，仅凭此工具即可完成通常色彩调整中的全部工作。

通常功能强大的工具设有许多设置选项，用户需要根据不同状况设置各种各样的选项。但是曲线的设置选项非常少，只需在对话框中的曲线上选择控制点并对其进行升降调整，即可完成色彩调整和色阶调整。

如果对某一控制点的浓度进行修改，则与其他部分浓度差之间的关系只能是变宽或变窄。换句话说，如果更改某处的浓度，势必会产生色阶变化。

可在确认色阶和浓度的同时调整曲线，因此，相对于绝对性浓度而言，协调性也是重要图像中的必备功能。

另外，从Photoshop CS3版本开始对曲线的功能进行了改进，实现了对话框内直线的可视化。

"图像">"调整"子菜单中的"色彩平衡"、"亮度/对比度"及"色阶"等命令也可以通过曲线进行编辑。与之相反，只能通过曲线进行编辑的内容也很多，也就是说，如果能熟练使用曲线，就可以完成几乎所有的基本图像调整。

另外，浓度、色相和饱和度很容易控制，因此也是调整Alpha通道内蒙版时不可或缺的工具。

"曲线"对话框的说明

从Photoshop CS3版本开始附带了各种各样的选项，但几乎所有的情况下仅凭"曲线"对话框中的"通道"下拉列表和曲线调整即可完成工作。

预设选项：可存储、载入自己使用的曲线。
通道：可通过这里切换并调整RGB、红、绿、蓝或当前色彩模式的颜色。
显示修剪：可以在图像内确认变为全白或全黑的领域。
设置灰场：可将图像中特定浓度点设置为任意浓度点。
设置白场：可将在图像高光部分进行颜色调整的点设置为255以下。
设置黑场：可将在图像阴影部分进行颜色调整的点设置为0以上。
坐标轴单位：可选择通过0～255中的数值或以百分比来表现浓度。
变更网格：可将曲线内的网格显示变更为4×4或10×10。
显示所有通道：在RGB通道中显示在其他通道内更改的曲线。
直方图：显示直方图。
基线：将原来的线性直线设置为显示状态。
交叉线：调整过程中通过在输入侧和输出侧绘制直线在曲线中创建交叉点。

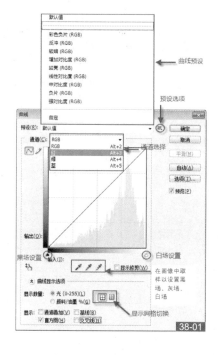

38-01

确认通过曲线怎样控制曲线

具体而言，曲线只控制浓度的输入和输出。这里所说的输入是指"原图的亮度"，所说的输出是指"调整后图像的亮度"。通过曲线形状可获知色阶的变化也是曲线的主要功能之一。

右侧示例中，图 38-02 是作为基准的原图。

图 38-03 中通过向上拖曳曲线的中间部分增加了图像的亮度。另外，给人柔和印象的原因是曲线上部变得平滑了。

图 38-04 中通过向下拖曳曲线中间部分使其变暗。另外，给人生硬印象的原因是曲线上部变成了直线形状。

图 38-05 中通过向上拖曳曲线的暗部（下部），向下拖曳亮部（上部），降低了整体的对比度。这是因为曲线中间部分接近水平。

原图。

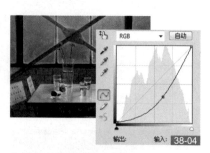

将中间色变暗，加强高光的图。

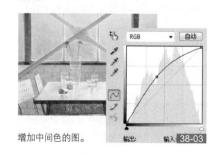

增加中间色的图。

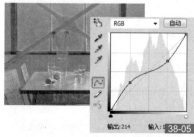

通过降低曲线的倾斜度降低对比度的图。

曲线实践篇

通过曲线对图像进行调整时，首先选中将要操作的图层，如果有必要则创建选区。

如果使用调整图层，也可在此之后作为蒙版增加选区。但是，如果以最终图像进行编辑，则作业工序较少，并能带来理想的结果，因此尽量创建接近最终图像的选区。

首先，选择"图像">"调整">"曲线"命令或"图层">"新建调整图层">"曲线"命令。调整图层能够任意反复操作，使用图层蒙版也可调整选区，因此用户能进行更加细致的操作。如果使用调整图层，则能够进行无数次的反复操作，但是不能保证

工作有所进展。为了防止出现这种情况，用户要切实地对最终结果进行构思后再进行编辑是非常重要的。

如果能够确定最终图像的腹稿，则编辑过程中的麻烦将变得很少，用户可在更短的时间内创建更高品质的图像。

在打开"曲线"对话框的状态下，在图像上部按住鼠标左键并拖动，则曲线上的点会发生移动，因此可确认目标位置的浓度是多少。想要将曲线上的点置于拖曳部分的浓度附近时，可在画面上按住"Ctlr"键（Mac中的"command"键）

的同时单击，可在曲线上添加控制点。关键在于除确认目标部分处于怎样的浓度之外，还要确认它处于怎样的浓度域中。因为即使调整亮度，而不对色阶自身进行控制，最终也不能完成图像。另外，所谓Photoshop中的浓度是指（R:128，G:128，B:128）的颜色值。

结束基于曲线的调整再次进行确认时，用户要仔细确认整体的氛围及是否接近原先作为目标的最终结果。特别要关注并确认未设置为目标的部分及高光、阴影部分的颜色偏差。

⋯⋯ 仅通过曲线功能进行的图像调整

使用曲线时可以选择"图像">"调整">"曲线"命令，或选择"图层">"新建调整图层">"曲线"命令（见图 39-01 ）。

图 39-02 按现在的状况是很漂亮的照片，但是使用曲线能够将其调整为更加鲜

艳且具有冲击力的图像。具体方法是加强天空的色彩浓度，调整花朵的颜色为红紫。如果调亮地平线附近的天空颜色，则更能衬托出天空的蓝色和花朵的颜色。

如图 39-03 所示通过鼠标拖曳图像来查找浓度域。蓝色天空中最明亮的水平线

附近为208（RGB）左右，画面最上部最明亮的部分为135左右。指针在曲线上平滑地移动，可以知道如图所示的色阶中并无太大变化。

关于花朵的指针在90～180之间大幅移动，也就是说既有浓度差又有对比度。

如果通过调整图层进行作业，则可重新编辑及重新设置选区。

首先从观察图像开始。

如果在画面上进行拖曳，则可确认该点在曲线上如何进行移动。

通过观察照片可知，需要将浓度域180~220调亮，需要将90~135调暗。基于这一点，在曲线上添加4个控制点于208至220、180至185、135至110、90至50中（见图 39-04 ）。

图像从大体上看并无不佳，但感觉红色过强导致绿色的背景中也重叠着红色，基

于这一点重新对曲线进行调整。首先观察稍微降低红色时的状态。如果降低红色仍不能去除绿色背景中的红色，则增加绿（G）或蓝（B）。在"通道"下拉列表中选择红（R），将控制点从180降低到160（见图 39-05 ）。

完成的照片中背景绿色变得十分清

晰，多余的红色也被去除。天空的色阶也并未走样，蓝色也十分充足（见图 39-06 ）。

由于最初对图像进行了细致的观察，因此能以最小的努力获得更佳的效果。

大体按照期望完成了作品。

对图像整体进行调整时移动曲线的中心附近。

最终完成的照片。

色阶

040
DAY 05
Photoshop
Basic Knowledge
Photoshop
Design Lab

理解色阶时用户首先需要对直方图有所了解。

所谓直方图是指将图像中全部像素亮度信息进行形象化表示的图表，将阴影直至高光的亮度用0~255之间的数值在横轴上表示，纵轴上表示像素分布。通过观察该图表可知图像的亮度及对比度信息。选择"窗口">"直方图"命令，可以打开"直方图"面板，因此可边对其进行确认边进行处理。

直方图是在确认照片等图像状态时较有益处的功能。具有均衡性特点的照片，其直方图的部分或整体多为平缓的山形。对比度较低的图像中暗部和亮部的分布中差别较小，纵横的变化较小，多为平坦的图形。另外，经提高对比度等调整处理后，图像的直方图中某些地方的色阶会消失，变为了梳形直方图。这表示处理时图像发生了像素丢失。

所谓色阶是指通过调整为数码图像中可再现色阶的范围值，从而控制图像整体亮度的功能。RGB模式的照片中，各通道中具有0~255阶的色阶范围。同时移动这些RGB可调整整体的亮度，分别移动各通道则可将色彩平衡偏向某一特定的颜色。

Photoshop CS3版本之后在曲线内也可观察直方图，因此控制图像的亮度和色阶时使用曲线，控制亮度和最低、最高浓度时使用色阶。

色阶对话框的说明

在"色阶"对话框内执行色阶的所有操作。

"色阶"对话框中包含调整色阶的所有设置选项，边对此对话框进行确认边进行设置。

例如，若调整为剔除强光和阴影、具有轻松感的图像，则通过"调整阴影输入色阶"和"调整高光输入色阶"进行调整。若将图像整体调明或调暗，则通过"调整中间调输入色阶"进行调整。

若限制图像的高光和阴影，创建类似10~230阶这样具有甜美感觉的图像，则通过调整输出色阶。

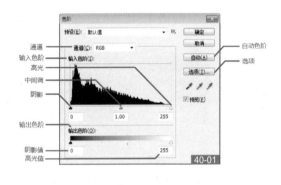

通道：可在此处对全图（RGB）、红、绿、蓝或当前色彩模式中的各颜色进行切换，然后进行调整。

阴影（输入色阶）：可设置图像中最暗的部分。

高光（输入色阶）：可设置图像中最亮的部分。

中间调（输入色阶）：可设置图像中亮度的中间值。通过移动该滑块，可在不改变阴影和高光的状态下调整图像整体的亮度。将要显示的数值通过伽马值进行显示。

输出色阶：表示图像自身的色阶，可通过调整阴影的输出色阶和高光的输出色阶调小色阶范围，从而降低图像的对比度。通过一般喷墨打印机及胶版印刷输出时不使用该项。

存储预设：可将由于色阶导致变化的数值作为设置文件进行保存。

载入预设：可载入保存的设置文件。

自动：基于直方图数据，自动对高光和阴影值进行调整。

在图像中取样进行设置：通过直接指定图像内的像素对各点进行调整。

图像的直方图和色阶

下面介绍边观察直方图边进行图像调整的示例。如图 40-02 所示，我们观察直方图时感觉照片非常漂亮，但实际的图像给人以整体发暗的感觉。因此，调亮脸部，稍微压缩高光和阴影，调整为具有层次分明的图像。因此拖动"调整阴影输入色阶"、"调整高光输入色阶"和"调整中间调输入色阶"滑块进行调整。

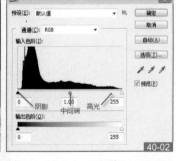

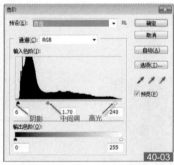

通过观察图像和"色阶"对话框可知，从高光直至阴影的直方图都很漂亮，高光也并无散落，阴影也并无偏损。因为颜色背景较暗，所以导致阴影中有大的突起，但这并没有什么问题。从直方图可知照片的曝光也并无大的偏差。但作为照片，人物颜色发暗，需要调整阴影和高光。

边观察图像边将输入色阶的中间调滑块向左移动。将中间调滑块向左移动与将曲线中间部分向上拖曳的效果相同。图像变亮的同时阴影将变薄，因此将阴影滑块向右移动少许，将高光滑块也向左移动。

色相/饱和度、黑白和通道混合器

"色相/饱和度"是能够直接改变图像的色相和饱和度的唯一工具，下面对其概要及有助于单调化处理的"通道混合器"和"黑白"进行说明。

"色相/饱和度"是进行图像处理时必须要理解清楚的功能之一。

"色相/饱和度"可在不改变亮度的情况下控制颜色。可通过"图像">"调整">"色相/饱和度"命令或通过按"Ctrl+U"组合键打开"色相/饱和度"对话框。

将色相的特征配置于连续的360°圆中进行表示，我们将此称为色相环。该方法以红色作为基准0°，通过圆的度数表示颜色，从而可将特定的颜色用数值进行表示，可将颜色关系转换为位置关系进行理解。所谓"饱和度"是指颜色的鲜艳度。"色相"表示色相环中向圆的旋转方向移动，

饱和度通过从圆的中心向外侧直径方向的移动，表示从无色向最佳鲜艳度变化。通过调整该值，可在不偏向亮度及色彩平衡的状态下更改图像的色彩饱和度。色相、饱和度、明度这3个要素即可表现所有的颜色，Photoshop中能够详细控制色相和饱和度的只有"色相/饱和度"选项。

"色相/饱和度"对话框说明

"色相/饱和度"对话框内的设置直观且通俗易懂。

设置"色相"时，用户可边观察下部滑块边设置色相。通过"饱和度"可设置色彩的鲜艳程度。将滑块向左侧滑动时，饱和度降低，变为单色，向右侧滑动时，颜色与颜色之间的差别变大。通过"明度"，可设置图像的亮度，如果将滑块向左滑动则变暗，向右滑动则变亮。

"色相/饱和度"对话框。 **41-01**

编辑：可选择编辑图像的某一颜色系统。
色相：能够以数值0为基准，通过数值−180~+180相对调节色相。
饱和度：能够以0为基准，通过数值−100~+100更改饱和度。
明度：能够以0为基准，通过数值−100~+100调节明度。
吸管工具：可通过吸管工具直接从图像中选择想要编辑的颜色。
载入、保存：可将已调整数值作为设置文件进行载入、保存。
着色：选中该复选框时可将图像更改为单一颜色的单色图像，更改其色相/饱和度。
预览：选中该复选框时可边通过图像确认调整结果边实施作业。

通过色相/饱和度更改色相

图 **41-02** 和图 **41-03** 是通过更改"色相/饱和度"对话框中的"色相"，将绿色照片编辑为红叶照片的示例。通过控制色相滑块可自由控制绿色。单靠控制色相无法顺利实现时，也需要控制亮度。

更改"色相"之前的照片。 **41-02**

更改"色相"之后的照片。 **41-03**

通道混合器和黑白

通过"通道混合器"也可将彩色图像更改为单色图像。使用"通道混合器"将彩色图像的RGB通道进行混合，创建一个通道。观察"通道混合器"对话框中的"源通道"选项区区域，可见显示出"总计"值，增减红、绿、蓝通道时，如果该合计值超过+100，则弹出警告提示。看似存在功能的限制，但这正是适合于照片单色化的功能，因为可在不丢失图像信息的情况下生成单色图像。

41-04

"通道混合器"对话框。

41-05

用做原图的彩色图像。

41-06

通过"图像">"调整">"通道混合器"命令获得的转换结果。

41-07

通过"图像">"调整">"黑白"命令获得的转换结果。

滤镜功能概要

滤镜功能可通过简单的操作使图像获得意想不到的效果，下面通过示例对其概要进行介绍。

滤镜具有在图像中增添各种各样视觉效果的功能。Photoshop的每次版本升级，滤镜功能都有所添加和强化，当前版本中搭载了100多种滤镜。

常用的滤镜包括使图像更朦胧的"模糊"滤镜、使图像更清晰的"锐化"滤镜、增加杂色的"添加杂色"滤镜等，也有模拟氯化银照片技术的滤镜。另外，还有作为表现类的滤镜，其中包括在画面中增添纹理的"素描"滤镜、编辑为类似水彩画并具有绘画风格的"艺术效果"滤镜、使画面呈现马赛克效果的"像素化"滤镜。

除常用的滤镜之外，Photoshop中还具有通过扭曲及改变立体形状获得意想不到效果的各种各样的滤镜。

另外，也可使用其他公司开发的外挂滤镜等，仅凭滤镜功能就可以将Photoshop的功能发挥得淋漓尽致。

◢◣◤◥ 滤镜示例

下面从众多的滤镜中选择3种进行介绍。

首先，"染色玻璃"滤镜可通过调整"单元格大小"、"边框粗细"、"光照强度"等选项，使图像更加接近预期的效果（见图 42-01、图 42-02 和图 42-03 ）。

其次，通过"自定"滤镜可创建初步的滤镜效果。作为滤镜基础的傅里叶变换等算法及方程式来源于单纯的数学研究，在"自定"对话框中可进行折合式运算实验（见图 42-04、图 42-05 和图 42-06 ）。

"彩色铅笔"滤镜可以创造类似彩色铅笔绘制图像的艺术效果，可以调整"铅笔宽度"、"描边压力"、"纸张亮度"等选项（见图 42-07 和图 42-08 ）。

"染色玻璃"滤镜和"彩色铅笔"滤镜可使用滤镜库，能够同时组合使用多个滤镜。

位于"滤镜">"纹理"子菜单中。

图为应用"滤镜">"纹理">"染色玻璃"命令后的效果。

"染色玻璃"对话框。

位于"滤镜">"其他"子菜单中。

图为应用"滤镜">"其他">"自定"命令后的效果。

"自定"对话框。

位于"滤镜">"艺术效果"子菜单中。

"滤镜">"艺术效果"子菜单中原本是由第三方厂家开发的滤镜多具有操作简单、效果明显的特征。样图为应用"滤镜">"艺术效果">"彩色铅笔"命令后的效果。另外，"艺术效果"子菜单中还有丰富的水彩风格、炭笔风格等模拟绘画类的滤镜。

Photoshop中除有初始版本中标准配备的滤镜外，还可将第三方厂家提供的滤镜作为插件进行添加。插件滤镜多为用于特定用途的滤镜，对于以往需要进行详细设置的绘画效果滤镜及Photoshop标准功能实现的效果，通过插件滤镜能够实现更高画质或更加容易地实现这些效果。正在销售的第三方厂家开发的主要插件可通过以下网址进行确认。

http://www.adobe.com/jp/products/plugins/photoshop

图像调整时必不可少的代表性基本滤镜

模糊类滤镜锐化类滤镜及杂色类滤镜是图像处理时必不可少的滤镜。这些滤镜不仅用在表现手法上，而且也可用于提高画质及印刷方面。这些滤镜将原本一直用于氯化银印刷及制版的技法通过Photoshop加以再现。

如果使用模糊类滤镜，则可对图像整体或选区内的图像进行模糊处理。根据模糊处理方法的不同，备有高斯、镜头、形状、动感等各种模糊滤镜（见图 43-01 ）。

锐化滤镜与模糊滤镜相反，可通过提高图像轮廓部分的对比度突出边缘，从而

创建锐化图像。从Photoshop CS2版本开始搭载了具有更高功能的智能锐化（见图 43-02 ）。

杂色滤镜不仅可以通过添加或去除杂色处理图像中的灰尘及伤痕，还可以改变图像中对象的质感及立体感（见图 43-03 ）。

模糊类滤镜（高斯、形状和径向等）
使用模糊类滤镜仅对画面背景添加模糊效果时，可使画面中需要着重表现的部分更加突出。

锐化类滤镜
（非锐化蒙版、锐化和智能锐化等）
通过调整各参数，可调整各锐化的添加程度，这里需要注意的是，过于模糊的图像不能进行调整。

杂色类滤镜（蒙尘与划痕和添加杂色等）
使用杂色类滤镜可在图像中添加、删除随机分布的像素及矢量，从而将杂色及灰尘去除。

智能型滤镜

"扭曲"滤镜及"消失点"滤镜等不但效果非常明显，还具有在专用的对话框中进行编辑以及完成渲染后可返回原界面的特点。在对话框中操作的便利性也更优于以往的滤镜。

使用"消失点"滤镜时，对于楼房侧面及建筑物墙壁、地板等这类具有远近感的平面，可在保持远近感的同时进行绘图、复制、粘贴和变形等作业（见图 43-04 ）。

使用"扭曲"滤镜可对图像的任意范围创建变形、湍流、漩涡、移动、反射、缩小及放大等各种效果处理（见图 43-05 ）。

消失点（Photoshop CS2之后）
使用消失点功能可通过对图像内的平面所对应的网格进行定义，沿该平面进行编辑则可以反映出远近感，完成调整放大、缩小的效果从而大幅缩短以往操作所需的时间。

扭曲（Photoshop 7.0之后）
以往对图像进行大幅更改及变形时，不可避免地会使图像画质损失，然而使用"扭曲"滤镜可不必在意画质，从而进行任意尝试。另外，可直观地进行操作也是其最大特点之一。

通过一次性滤镜操作完成的绘图类滤镜

由于Photoshop采用了易于开发的插件形式滤镜，因此出现了许多由第三方厂家开发的具有超越以往独立软件功能的插件滤镜。

其中早已有的部分优秀滤镜已作为Photoshop的标准插件加以采用，成为大家熟识的功能。

在"滤镜">"艺术效果"内及"滤镜">"素描"内搭载了以往由第三方厂家开发的使用频繁的滤镜。

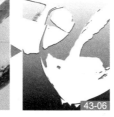

Blaster滤镜
用于创建如同灰浆填充、具有一层浮雕效果的图像。创建类似使用背景色并添加颜色的效果，可看见图像中暗色部分浮出，与之相对的亮色部分凹陷。

剪纸滤镜
用于创建类似随意剪切、粘贴色纸的图像效果。对比度较强的图像表现得如同剪影，带颜色的图像如同将色纸重叠创建而成。

模糊滤镜

模糊滤镜可用于各种场合。通过将具有差异的临近像素平均处理到色相及色阶中，使界限变得平滑，从而为图像增添柔和的效果。Photoshop的每次版本升级都会增加新的功能，现在有10种以上的模糊功能。

以使用较频繁的"高斯模糊"为主，多数模糊滤镜可根据不同参数来控制效果的强弱。

仅靠模糊滤镜，不能像相机镜头的柔焦镜头一样，保证图像达到从高曝光区域向低曝光渗透的模拟性模糊效果，但可以通过添加蒙版及滤镜的方法加以处理。如果同时使用模糊滤镜和Photoshop的标准功能，基本上能再现模糊相关的所有手法。

应用方法还有很多，除直接在图像上添加外，还可通过在快速蒙版及蒙版中添加模糊滤镜对选区的边界进行模糊处理，同时也可以查看实际模糊的程度。

另外，从Photoshop CS开始搭载了"镜头模糊"滤镜，它将Alpha通道及蒙版的浓淡识别为"距离"，根据相机的景深模拟模糊效果。该滤镜功能非常强大，用户可以试用一下（见图 44-01 ）。

44-01

44-02

这是添加"高斯模糊"滤镜的示例，恰好得到了焦距模糊的图像。

例如，也可通过对周边添加模糊滤镜，创造使拍摄对象更加明显的效果。

"镜头模糊"滤镜可利用Alpha通道模拟镜头景深。数码相机的实际图像尺寸（受光实际面积）较小，近年来，随着技术的发展，光学性景深较深、焦距准确的图像越来越多，因此可模拟这类镜头的滤镜也越来越重要。除此之外，通过"镜头模糊"滤镜还可设置产生高光照耀及重影时镜头光圈的层数。

模糊

所有的模糊滤镜都可将选中的范围或图像整体设置为焦距模糊或相机抖动效果的图像。如果降低滤镜效果则可创建具有柔和效果的图像。这是因为各像素溶于周围的像素中，从而使边缘部分变得更加平滑。

镜头模糊

将蒙版的浓度看做焦点距离，可在对话框中动态控制模糊的范围。

平均

以选中的范围或图像整体颜色平均值进行填充，从而变为单色画面。

特殊模糊

在选中的范围或图像整体内去除具有边缘部分的杂色。"特殊模糊"滤镜的强度是模糊滤镜效果的3～4倍。

方框模糊

以相邻像素的颜色平均值为基准对图像进行模糊化处理。

高斯模糊

在选中的范围或图像整体内快速地添加模糊效果。所谓高斯是指在像素中使用加权平均时产生的正态曲线。

动感模糊

通过在对话框中设置的"角度"（-360°～+360°）和"距离"（1pixel～999pixel）进行模糊处理，从而创建类似相机抖动的图像，有时由于调整得当，可得到极具动感的图像。

径向模糊

可通过相机镜头缩放或旋转模拟出模糊效果。与其他滤镜相比，可获得极具动感的图像。因为可以得到好像数码相机处理的效果，所以曾经被频繁使用。

形状模糊

可使用形状蒙版创建模糊图像。选中形状，通过半径调整大小，然后单击三角形按钮，在弹出的菜单中进行选择，可获得各种形状的模糊效果。

进一步模糊

通过准确指定范围将图像进行模糊处理，在模糊前需确定半径、阈值和模糊画质。

表面模糊

可在保证边缘的同时对图像进行模糊处理，该滤镜可降低杂色及颗粒感。

锐化滤镜

锐化滤镜与模糊滤镜相同，是图像编辑软件中必不可少的滤镜。通过提高相邻像素的对比度创建边界线，使其保持锐化效果，我们将此称为边缘强调或边缘效果。锐化滤镜中有5种类型，从Photoshop CS2开始搭载了能够创造更高画质的"智能锐化"滤镜。锐化滤镜中使用较多的是"非锐化蒙版"滤镜，但在喷墨印刷及需要具有良好协调性的印刷（氯化银印刷）时"智能锐化"滤镜显得更加重要。

锐化滤镜的基本使用方法分为两种，一是对模糊的图像进行补救处理，二是在完成图像处理的数据中添加印刷输出用锐化。进行图像补救处理时以较大的数值进行处理，最终处理时使用某种程度的规定数值。这是因为打印机的清晰度及观赏距离的远近造成锐化程度的显示出现了差异。

非锐化蒙版

作为锐化滤镜之根本的"非锐化蒙版"滤镜中备有3个参数，用户可通过这些参数来控制边缘效果的强弱。

另外，通常认为创建人眼不能清楚识别程度的边缘最佳。

数量

通过设置"数量"，控制制作出何种程度的边缘效果。从150%左右开始逐渐增加数值进行试验。

半径

用于指定边缘效果中边缘本身的宽度。用于最终完成图像，严格来讲应该根据输出测试进行计算，但通常将"72 dpi=0.3像素"、"300 dpi =1像素"、"350 dpi =1.2像素"作为一般值。这些数值是根据人眼的最小覆盖图、清晰度、观赏距离及观赏时的亮度计算得出的。

阈值

边缘效果是由于相邻像素之间的浓度差而产生的，而阈值表示其浓度差。例如，如果在"阈值"文本框中输入"30"，则在像素边界创建出浓度差大致为30的边缘效果。该值是各颜色在0～255浓度时的数值。用户需要根据图像区分使用该值。通常轮廓清晰的图像位于拍摄对象中时使用0～10的数值，人物及风景等场合使用5～30的数值。

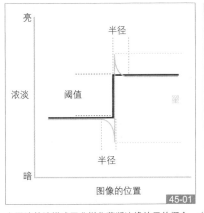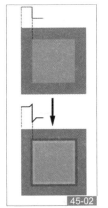

上图清楚地描述了非锐化蒙版边缘效果的概念。由图可知在边缘界限处发生了浓度反转，创建了实际不存在的轮廓线。即将"半径"设为1像素时，通过加大"数量"及"阈值"产生了1像素以上的轮廓。这是因为显示器上的显示和打印时的显示有较大的不同，用户需要注意这一点，在显示器上以100%的程度进行显示并远距离观看时容易确认。在显示器上观看时不过分放大或缩小非常重要。

对于杂色较少、边缘清晰的图像，通过添加稍强的锐化效果能保证图像看起来更加清晰。该图像以"数量：300%"、"半径：1.5pixel"、"阈值：1"的参数设置添加锐化效果。

稍微有点模糊的照片也能以非锐化蒙版进行某种程度的调整。该图像中因存在具有细微颜色差别的部分，所以添加锐化效果过度则可能产生杂色，该图像以"数量：200%"、"半径：1.5pixel"、"阈值：3"的参数设置添加了锐化效果。

锐化（强）

将其看做通过非锐化蒙版预先设置了参数的滤镜。根据图像的浓淡不同有所差异，与通过"数量：100"、"半径：1"、"阈值：1"参数使用"非锐化滤镜"的较弱锐化相同。

进一步锐化

添加类似使用了"锐化"滤镜的较强锐化。具有以"数量：200"、"半径：1"、"阈值：1"参数使用"非锐化蒙版"滤镜的效果。

锐化边缘

与其他锐化滤镜不同，它并不是通过明暗的浓度而是只对颜色中发生大幅变化部分的轮廓进行强调的锐化，从而仅对照片中拍摄对象和背景的边界线部分添加锐化，而且不增加杂色。

智能锐化

在非锐化蒙版中可分别对阴影部分和高光部分添加锐化效果。并且，可选择锐化中使用的算法，从而在将画质损失控制在最小程度时添加锐化。即使是模糊的图像，若模糊程度不严重，也可进行调整。

杂色滤镜

这里对杂色滤镜的功能和概要进行介绍。另外，还对"添加杂色"、"减少杂色"、"中间值"滤镜的基本使用方法进行介绍。

杂色滤镜是早已有的滤镜，用于质感的调整、去斑及添加一些随机分布的色彩杂色等。另外，也用于减少杂色及使图像更加平滑。创建随机分布像素的命令有许多种，其中"添加杂色"滤镜是其中用于增加纹理等场合中必不可少的滤镜。"添加杂色"滤镜也可用于在人物平滑的肌肤上添加灰度级数

杂色，从而生成更加自然的质感。

人们有时将类似噪声一样毫无意义、具有随机分布信息的部分看做具有某种内容。杂色滤镜正是利用了这一特性，类似人类肌肤一样纤细、具有质感的部分从远处看时也如同具有平均、同质单一的质感，这二者具有相同的性质。人眼看不到的凹

凸连接形成了该部分所在整体的质感，与类似这些部位相对，与特意通过添加杂色而生成的平板、单调的质感不同，它可生成自然的质感。另外，通过"蒙尘与划痕"及"减色杂色"滤镜与相近的像素进行比较后，隐藏于相邻的像素中或与其实现平均化，从而去除灰尘或减少杂色。

杂色滤镜的种类

杂色滤镜是较为基本的滤镜，具有很多种类，根据其使用方法及用途不同，也可分为很多种（见图 46-01）。

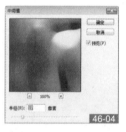

"滤镜" > "杂色" 子菜单。

蒙尘与划痕： 该滤镜通过与相邻的像素进行比较，将无相似性的像素隐藏于相邻的像素中，从而去除杂点。这对于扫描的图像中存在许多杂点等非常有效。

添加杂色： 该滤镜除添加质感、生成纹理之外，还对于将颗粒不同的图像处理成相同颗粒等也很有效。

减少杂色： 该滤镜通过与相邻的像素进行比较，将色差、浓度差大的像素块融合于周围的像素中，从而减少杂色。

中间值： 该滤镜通过与相邻的像素进行比较，查找亮度相似的像素，去除与邻近像素差值较大的像素。与其他像素进行比较后，处于亮度中间值的像素置于去除的部分中。通过此方法可以创建具有独特氛围的图像。

去斑：
检测图像的边缘（发生显著颜色变化的区域）并模糊那些边缘外的所有选区。该模糊操作会移去杂色，同时保留细节。

在以下示例中进行色调调整后，通过杂色滤镜等生成随机分布的斑点，从而对周边亮度进行了调整。最后进行处理后，在灰色的图层增加灰度级数杂色后进行放大，通过亮光模式，将其进一步与同样使用了杂色的图层进行合并（见图 46-02）。

杂色滤镜对于营造类似上图那样超自然的场面及创建古色古香的图像也很有效。

杂色的基本使用方法

杂色基本的使用方法是，当输出设备的高光表现不充分时，通过增加质感来提高高光的表现性等。另外，有时也用于通过"中间值"滤镜创建平均化的图像和图像处理的预处理。

在图 46-03 中，将通道作为选区载入，选择"图层" > "新建" > "通过拷贝的图层"命令，仅将皮肤的高光部分设为另一个图层，在该高光的图层中通过添加杂色，逼真地生成了皮肤的高光质感。

"中间值"滤镜可创建极端平均化的图像。该滤镜是为了最终获得明亮的图像而对图像进行预处理的有效滤镜（见图 46-04）。

"减少杂色"滤镜主要是为了减少不需要的色素（见图 46-05）。根据杂色的种类不同设有各种各样的参数。除单纯的杂色外，也是减少彩色杂色及JPEG区块杂色非常有效的滤镜。

该图像本来已十分漂亮，但想在手的高光部分中增加质感时，类似该图例一样，创建高光部分的选区，通过将"添加杂色"滤镜设为"数量：7"、勾选"单色"添加杂色。

在"中间值"对话框中的"半径"文本框中输入较大的数值，创建极具平均化的图像。通过该滤镜进行操作，图像不会变暗也是其特征之一。

"减少杂色"对话框与其他杂色对话框相比参数较多，内容都和文字所描述的功能一致，通俗易懂。

"消失点" 滤镜

Vanishing Point译为"消失点"，在远近法中距离越远物体将变得越小，我们将该物体称为消失点。"消失点"滤镜的功能非常强大，原本仅靠该功能即可生成一个软件包。在该滤镜的对话框中单击"确定"按钮结束操作之前，对实际图像数据不进行更改，而是对复制到滤镜对话框中的临时数据进行编辑。换言之，实施的是与智能对象及调整图层一样的非破坏性编辑。因此，即使在独自的对话框中反复进行放大、缩小，也不会由于操作次数增多而影响画质。

"消失点" 工具和选项介绍

通过"消失点"滤镜可再现诸如以下的功能，例如，在原图中具有类似立方体的对象时，通过指定立方体的各个面，可在通过3D软件创建的箱体上粘贴图像的纹理。

由于并不是可直观性使用的滤镜，因此用户充分理解对话框中的工具和选项的使用方法极其重要。

"消失点"滤镜应用范围广泛，以往花费很长时间进行的操作将变得非常轻松。

— 立方体各面的指定组
— 选择工具
— 像素图像部分的修复组
— 变形工具
— 吸管工具（对话框内专用）
— 显示范围的移动/缩放工具组

47-01

"消失点"滤镜中备有"编辑平面工具"、"创建平面工具"、"选框工具"、"图章工具"、"画笔工具"、"变换工具"、"吸管工具"、"抓手工具"和"缩放工具"。

47-02

创建平面工具属性栏中可指定网格大小及平面的角度。计算角度时将最初创建的平面作为0°。

47-03

下拉列表中有与Photoshop中的各工具使用方法相同。"修复""开"、"关"、"明亮度"3个选项。移动平面及平面的背景或指定与移动目标平面之间的融合，通常使用"开"选项。

通过"消失点"根据远近感粘贴标志

下面对"消失点"滤镜的基本使用方法进行介绍。尝试使用一次"消失点"滤镜后即可知道，以往烦琐的操作变得非常简单。另外，如果使用"消失点"滤镜，对于理解远近法的基本原理也很有帮助。

1 在使用滤镜之前将需要粘贴的图像复制到剪贴板上，再使用滤镜。在其对话框中选择"创建平面工具"，选中基准平面的4个顶点，然后再创建其他平面的基准平面。

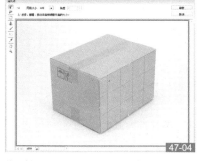
47-04

使用创建平面工具创建其他平面的基准平面。

2 按住"Ctrl"键的同时拖曳已创建平面的中心部位点，创建其他方向的平面并粘贴图像。

47-05

在创建3个平面后粘贴图像。

3 调整已粘贴图像的位置。

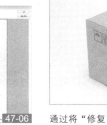
47-06

粘贴后如果移动该图像，则自动沿平面的形状变形。

4 确定位置后单击"确定"按钮结束操作，则可完成如图 47-07 所示的作品。

47-07

在对话框中不管变形几次，实际执行变形的只有一次，因此已粘贴图像能以损失最小的画质完成操作。

47-08

通过将"修复"选项设为"开"，也可很自然地粘贴到亮度不同的平面上。具有不同质感的图像也可自然地实现粘贴。

通过"消失点"复制室内的地板和墙壁，删除放置的物品

通过"消失点"滤镜不仅可以处理类似箱体及建筑物外观这类朝向外部的立方体表面，也可以处理类似室内这样的面向内侧的立方体。在该示例中通过将房间内的桌子、墙壁及地面的表面向旁边扩展将物品删除。另外，为了放大画面右侧，将场地尺寸也加以放大。

47-09

不使用图章工具等，仅使用"消失点"滤镜完成操作。

液化滤镜

液化滤镜是对肖像画进行编辑时必不可少的工具，下面对其概要及使用方法进行详细的介绍。另外，通过实际的图像示例对其产生的效果进行介绍。

"液化"滤镜是从Photoshop 7.0版本开始搭载的图像变形工具，与"消失点"滤镜及"抽出"滤镜相同，是使用对话框类型的滤镜。生成扭曲要使用"向前变形工具"、"顺时针旋转扭曲工具"、"褶皱工具"、"膨胀工具"、"左推工具"、"镜像工具"、"湍流工具"7种工具，它们都具有直观、易用的特点。另外，对话框中也备有蒙版及许多重复操作的工具，使其能够保

证高效地推进编辑工作。

"液化"滤镜历经多次完善，与"消失点"滤镜相同，其功能非常强大，仅靠该功能即可生成一个软件包。与具有专用对话框的功能类似，可以边预览边确认效果，最后进行渲染，因此能以最小限度的图像损失完成编辑。这是因为在单独的对话框内反复实施的处理并不反映到实际的图像中，在结束编辑时进行渲染，从而保

证即使反复进行变形，也并不会因编辑次数影响画质。

类似通过"液化"滤镜实施的以变形为中心的图像处理是早已有的操作，但由于"液化"滤镜的出现使画质大幅提高，能够高效地完成编辑，因此与其他的Photoshop功能一样直观而且易操作。

"液化"滤镜工具和选项介绍

"液化"滤镜具有各种各样的功能，全部都可以进行直观的操作，用户使用一次即可轻松地掌握。

发展至今，"液化"滤镜已发展为编辑过程中必不可少的滤镜，未曾用过的用户可以试用一下。

48-01

选项说明

"载入网格"和"存储网格"按钮
载入使图像变形的基准网格（格子类型）或保存用户自己创建的网格。

工具选项
画笔大小：控制画笔的粗细。
画笔密度：调整画笔的密度。密度越大、力度越向画笔中心集中。
画笔压力：控制画笔的压力。
画笔速率：控制点中状态下效果的持续量。
湍流抖动：控制湍流工具的强度。

重建选项
模式：控制"重建"按钮的生效方法。
"重建"按钮：逐渐重建图像的整体，重建方式取决于"模式"设置。
"恢复全部"按钮：撤销扭曲滤镜中的所有编辑，返回原来状态。

蒙版选项
通过两个选项，控制当前的选区和蒙版部分、透明部分并重新创建蒙版。也可通过"无"、"全部蒙住"、"全部反相"控制蒙版。

视图选项
可控制当前图像、蒙版及其他图层的显示。

工具说明

"向前变形工具" ：按住鼠标左键并拖曳，将拖曳位置的网格向前推。

"重建工具" ：单击或通过重建拖曳位置的部位返回编辑前的状态。

"顺时针旋转扭曲工具" ：单击或将拖曳位置向右旋转使其扭曲。如果按住"Alt"键操作时则向左旋转。

"褶皱工具" ：单击或将拖曳位置向画笔的中心缩小。

"膨胀工具" ：单击或将拖曳位置向画笔的中心移动放大。

"左推工具" ：通过向上拖曳将像素向左移动。

向下拖曳时向右、向右拖曳时向上、向左拖曳时向下移动像素。

"镜像工具" ：通过向上拖曳将画笔内的像素向画笔内的右侧移动，同时将画笔内的左侧像素向画笔中心区域集结。同样向下拖曳则向左、向右拖曳则向下、向左拖曳则向上移动像素。

"湍流工具" ：根据画笔的移动平滑地混合像素。

"冻结蒙版工具" ：绘制蒙版，添加蒙版的部分不发生变形。通过蒙版选项可控制绘图后的蒙版。

"解冻蒙版工具" ：去除蒙版。去除全部蒙版时单击"蒙版选项"选项区中的"无"按钮。

"抓手工具" ：通过拖曳移动画面。

仅通过"液化"滤镜修改图像

图 48-02 所示的图像是仅通过"液化"滤镜使人物面部发生变形的示例。虽然因编辑对象不同有所差异，但通过"褶皱工具"和"膨胀工具"并使用降低密度的大型画笔进行编辑，通过"左推工具"进行细节修改，便于编辑工作的进行。

在该创作示例中存在头发杂乱的部分，通过蒙版加以保护后再进行编辑，则可防止出现这种现象。

48-02

滤镜库

滤镜库的功能强大，可同时添加多种滤镜并进行模拟，下面对其概要及对话框进行说明。另外，还对滤镜样图加以介绍。

Photoshop中具有从"风格化"到"其他"在内的共计13种滤镜群和"Digimarc"，以及"抽出"、"液化"、"图案生成器"、"消失点"、"滤镜库"可在对话框中进行预览的4种滤镜。

根据用途不同，按照范畴对滤镜进行分类。此外，基本上所有的滤镜都保存了之前使用的滤镜和设置值，通过按"Ctrl+F"组合键可反复添加滤镜进行处理。并且对于具有设置值的滤镜，通过按"Ctrl+Alt+F"组合键可打开相应的对话框。

Photoshop中标准搭载了许多极具代表性的滤镜，使用滤镜库可以边预览画面边进行操作。另外，通过创建仅可在对话框中使用的临时性虚拟层，类似智能滤镜一样，可以将多个滤镜分为多个智能图层进行一次性添加，也可通过改变智能图层的顺序更改使用滤镜的顺序。

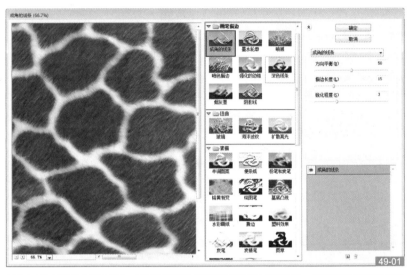

49-01

以往在反复进行多个滤镜加工、素材和滤镜组合时历经多次失败并不少见。特别是想创建纹理等场合，需要实验数百种不断变化的滤镜组合。通过滤镜库可将多种滤镜效果一次性地进行预览，可在短时间内获得满意的结果。虽然不具备液化滤镜及消失点那样强大的功能，但从某种意义上讲，符合Photoshop滤镜功能的宗旨。

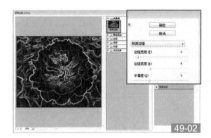

49-02

照亮边缘：以色彩为基础抽出轮廓，添加微弱发光的灰度。可设置"边缘宽度"、"边缘亮度"及"平滑度"。边缘之外进行涂黑处理。

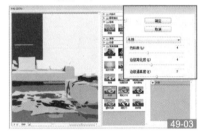

49-03

木刻：创建类似木刻画效果的图像，颜色如同折叠色纸创建而成。可设置"色阶数"、"边缘简化度"及"边缘逼真度"。

49-04

玻璃：如同透过几层玻璃观察到的图像。可作为Photoshop文件进行创建并以应用。

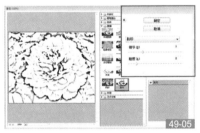

49-05

影印：得到如同黑白复印后的效果。仅暗部和边缘周围被影印，中间调为黑或白。

49-06

半调图案：在保持色调范围的同时再现半调滤色效果。可设置"大小"、"对比度"以及"图案类型"。

49-07

马赛克拼贴：绘制类似由小碎片及拼贴等构成的图像，在拼贴间设置缝隙。可设置"拼贴的大小"、"缝隙宽度"及"加亮缝隙"。

49-08

塑料包装：对细节进行强调，创建类似塑料包装包裹样式的图像。可设置"高光强度"、"细节"以及"平滑度"。

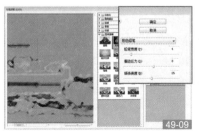

49-09

彩色铅笔：在带有颜色的平面上创建如同使用彩色铅笔绘制的图像。由于可以保持边缘原样，因此可形成粗糙的质感。可设置"铅笔宽度"、"描边压力"以及"纸张亮度"。

历史记录和历史记录画笔

以数码方式处理图像时，可立即对实施的处理进行确认，并可进行任意的修改。但是，如果用户多次修改图像，有时就会有以前的图像更好的想法。

"历史记录"面板可在这种情况下发挥很大的作用。在Photoshop操作中，每次对当前操作的图像进行修改时，都将在"历史记录"面板中创建历史记录。这与电影胶片的各帧连续摄影类似，从画笔的

每一笔开始直至滤镜处理，记录了每一次修改后图像的状态。

如果操作失误或未能获得理想的效果，可以返回到"历史记录"面板中保存的以往图像，开始重新编辑。如果使用快照功能，可将任意一个画面的状态暂时保存到"历史记录"面板中，也可将各自处理的结果快照并列显示、比较。

但是，需要注意的是，这些"历史记

录"面板中保存的信息只是暂时保存到内存中的数据，如果重新启动Photoshop软件，将不能恢复盘之前的数据。

另外，即使使用历史记录返回到以前的图像，如果忘记保存图像也没有任何意义。使用历史记录时需要注意当前保存的原图状态。

"历史记录"面板的说明

因"历史记录"面板可进行直观的操作，大多数情况下许多人都只是使用过返回上一历史记录这一功能。

然而，以往将多个图像通过图层等进行合并的编辑，也可以通过灵活运用历史记录画笔及快照在1个文件内加以实现。历史记录艺术画笔等也同样可以创造出意想不到的效果，因此作品的表现幅度将更大。

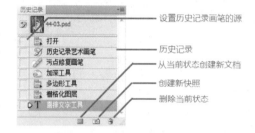

历史记录画笔工具　Y
历史记录艺术画笔工具　Y

- 设置历史记录画笔的源
- 历史记录
- 从当前状态创建新文档
- 创建新快照
- 删除当前状态

历史记录画笔工具
如果使用历史记录画笔工具，可将历史记录图像或快照的拷贝绘制到当前的图像中。

历史记录艺术画笔工具
通过历史记录艺术画笔工具可在画笔中添加类似绘画的边线进行绘画。通过其属性栏中的"样式"可选择各种各样的边线进行绘画。

设置历史记录画笔的源
使用历史记录画笔工具时，选中使用的图像。

快照
显示已创建快照的缩略图。通过选择可显示快照的图像。

历史记录
每次在图像中添加处理时都将自动创建历史记录。其中显示出了各历史记录中使用的工具及命令名称，可返回到图像的任意状态。

从当前状态创建新文档
可将选中的历史记录图像作为新文件进行创建。

创建新快照
可暂时保存当前图像的状态。通过该功能即使增加新的历史记录图像，也不会删除当前图像。

删除当前状态
删除"历史记录"面板中存储的图像。通常情况下，只是删除历史记录图像，因此在历史记录图像同一时刻进行的处理按照反映出来的原样保留下来。

历史记录画笔的使用示例

通过使用历史记录画笔，可在图像编辑过程中及编辑完成后将部分内容返回到以前状态。通过快照及图层等可有效地存储图像，但对于想返回跨过多个快照的原状态时以及计划快速地进行部分修复时，

使用历史记录画笔非常有效。

下面对已经暂时结束编辑的图像进行恢复部分内容，以及部分返回编辑前或编辑中途时的示例进行介绍。在下图的历史记录中指定以往状态为源图像，通过使用

历史记录画笔填充想要恢复的图像，部分恢复到以往的状态。

类似这样，用户不仅可以将图像恢复到以往的状态，还可用做表现方法。

加工前的图像。

暂时结束编辑的图像。

部分返回原来状态的图像。

动作

动作是将Photoshop功能进行程序化处理并重复单纯作业时非常方便的功能。此外，比动作功能自动化程度更高的功能是批处理。下面对这两种功能的使用方法进行介绍。

在创建用于Web网页中的图像等情况时，经常需要对多个文件执行相同的操作。例如，更改数千幅图像数据的大小，并更改色彩模式，将其以另外的文件形式导出，这将是一项十分烦琐的作业。如果只是2～3幅，重复相同的操作也并不太费事，但数千幅则另当别论。类似这种情况时，非常有效的功能是动作和批处理。

Photoshop
Design Lab

动作的基本操作

所谓动作是指对于当前打开的图像集中执行多种连续的操作并进行登录的功能。例如，"更改图像的大小并对图像使用锐化等滤镜，更改色彩模式后将文件以目标形式进行保存"，这一系列操作以"动作"形式进行登录，这样只需通过1个按钮就可将创建的该动作应用于其他图像文件。

动作中不能保存各个图像中不同的作业，但可以在动作中插入暂停动作进行对应。另外，在执行动作的同时也可以插入模式控制，以保证在每个图像的对话框中输入不同的数值。

操作时首先从记录动作的位置开始。打开要进行编辑的图像，单击"动作"面板下侧的"创建新组"按钮，在对话框中输入新建组的名称（见图 51-01 ）。其次单击相邻的"创建新动作"按钮，在对话框中输入动作的名称（见图 51-02 ）。然后单击"开始记录"按钮，开始记录这些连续的操作。连续操作完成后单击"停止播放/记录"按钮，完成记录。这样便可将连续操作的动作记录下来（见图 51-03 ）。

单击"创建新组"按钮，在对话框中输入新建组的名称。该处为默认状态下的"组1"。

单击"创建新组"旁边的"创建新动作"按钮，在对话框中设置该动作的名称。这里为了便于理解，将动作中记录的项目按原样命名为"Resize800*600/锐化"。

其次，打开已创建动作的图像文件，在该图像中执行该动作。在打开状态下，从"动作"面板中选择计划执行的动作，单击"播放选定的动作"按钮，则开始执行动作中记录的连续操作（见图 51-04 ）。

执行要记录的连续操作，完成后单击"停止播放/记录"按钮，完成记录。

打开计划使用的其他图像，选择计划执行的动作，单击"播放选定的动作"按钮使用动作。

批处理的基本操作

创建动作后能大幅提高单独作业的效率。但是在文件很多时，逐一手动打开图像文件、使用动作也很费事。这种情况下使用的功能是批处理。

批处理可一次性对多个文件使用"动作"面板中已记录的动作。也就是说，将使用相同动作的图像文件集中到1个文件夹中，然后执行批处理，则可对文件夹中所有的文件使用动作。另外，也可以指定目标文件夹及更改文件名、添加起始序号及日期。

操作时首先选择"文件">"自动">"批处理"命令。在对话框中从上至下依次选择计划执行的包含动作的组，选择动作。在"源"下拉列表中选择要执行的文件夹。在"目标"下拉列表中选择"无"、"存储并关闭"、"文件夹"中的一个。另外，如果在"目标"下拉列表中选择"文件夹"并任意地设置文件名称，则可自动更改文件名进行存储。另外，在更改文件名的同时也可添加"序号"、"日期"及"扩展名"等选项。

在此处执行动作后，以"image"作为文件名并添加"日期"和"2位数序号"、"扩展名（小写）"后存储至另外的文件夹中。

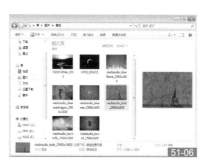

按照已设置的文件名进行存储。将类似这样单纯的操作记录在"动作"面板中并通过"批处理"自动执行，还可以避免用户因粗心大意而犯错误，并且快捷、高效。

Photoshop的环境设定

通过环境设定，Photoshop的使用便捷性及性能将大幅提高。为了创建更好的工作环境，下面对建议设置的选项进行介绍。

Photoshop中包含了图像处理相关的所有功能，其中既有执行高级处理的功能，又有专注于某一处理的、仅可用于特殊案例的功能。因此，某些高级功能及设置等可能对某些人非常有用，但其中也包含了许多其他人毫无使用机会的功能。

例如，对于采用氯化银印刷的人员毫无用处的快捷键，但是对于以CMYK输出为前提的人来说却是必不可少的设置。除Photoshop主体外，有人完全没有使用过附带的Adobe Bridge程序，而也有人经常使用该程序。

诸如此类，Photoshop的环境与以往相比，根据用户的需要进行了一定的细化。因此，进行环境设置，创建适合于自己的最佳环境是非常重要的操作，这样可以减少不必要的工作，获得更佳的结果。

环境设置

进行环境设置时，用户可定制工作环境，以方便使用。

可通过"编辑"（Mac命令中为"Photoshop"菜单）>"首选项">"常规"调出环境设置对话框。也可通过"Ctrl+K"组合键将其调出。

程序细节部分相关的设置等大多在此对话框中进行设置。其中特别重要的设置选项是"文件处理"、"性能"及"光标"。用户根据自己的习惯调整好这些设置将极大地提高工作效率。

常规

在此进行图像插值及拾色器的设置和操作相关的设置。

选中"使用Shift键切换工具"复选框，则无需特意单击工具箱中的工具，仅用快捷键+"Shift"键即可高效地进行切换。

务必将该选项调整为与自己的环境一致。

界面

在此设置工具箱、菜单栏和面板的相关显示。

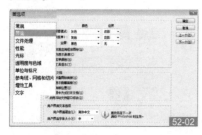

文件处理

在此进行文件的存储和载入相关的设置。如果将"文件存储选项"选项区中的

"图像预览"设置为"总是存储"，则可同时保存图像和预览图像。

如果处理4GB以上图像的情况较多，那么存储文件时需要考虑文件大小和兼容性哪一个更重要。

性能

在此进行Photoshop中可使用的计算机物理内存的比例和暂存盘相关的设置。

当然，内存越大，处理速度就越快，但如果将使用内存调至最大，将对计算机自身的运行产生不良影响。用户要以推荐范围作为大致标准进行设置。

光标

设置绘图工具等画面中显示的光标形状。在"绘画光标"选项区中可更改在绘图工具内使用的画笔显示形式。在这里我们选中"正常画笔笔尖"单选按钮。通过选中该单选按钮，用户可以边确认使用画笔工具的笔尖大小和形状边进行绘画。

在"其他光标"选项区中选中"精确"单选按钮。在使用吸管工具等时，人们期望边确认选中的像素边实施编辑，因此选中该单选按钮。

透明度与色域

设置处理图像的区域内透明部分的显示。初始设定中透明部分显示为白、灰网格图样，也可自己定制为其他颜色。

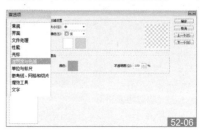

根据工作内容改变"色域警告"选项区中的设置。

单位与标尺

设置图像窗口中显示的标尺与文字等的单位。如果切换"信息"面板的单位，则也可以切换"单位与标尺"窗口的单位。

在"单位"选项区中进行设置，确定图像的大小及像素数时，可更改为任意的单位边确认边进行编辑。

参考线、网格和切片

更改画面中显示的参考线及网格等线的颜色。

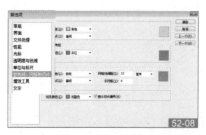

选择在图像中易于识别的颜色较好。

Photoshop的工作环境

为了提高工作效率和质量，也需要重新审视一下显示器、键盘和鼠标等。

提到良好的工作环境，首先想到的是与显示器之间的距离、键盘等工具的选择、房间的亮度等与健康息息相关的信息。

但是，这里并不是指这些内容，而是对于能够高效且准确、快捷地专注于图像处理的工作环境进行思考。

快捷键的更改及环境设置中工作环境的改善自是理所当然，然而人与计算机接触的部分则占有更大的比重。

当只有一小部分人使用Photoshop进行工作时，工作内容不仅十分有限，而且计算机的处理速度也非常慢。从前人们并未太在意，但是近年来随着计算机性能的提高，相对而言，编辑的速度跟不上计算机的发展，如果不付出相当的努力，很难高效地使用Photoshop。

Photoshop是通过计算机进行工作的，当然与计算机之间有着紧密的关系。

计算机虽然具有极强的功能，但是不能适应于某些特定系统的部分还很多。

例如，便利店里的POS收款机内主机虽然是计算机，但却不使用我们平常使用的键盘。理由非常简单，因为根据其功能及使用方法调整了外在形式。

下面我们同样思考一下适合于Photoshop的工作环境。

显示器

显示器对于获得更加准确的图像非常重要。

首先，较重要的是显示器的宽度。通常使用17英寸～30英寸显示器的人较多，但是如果用户有足够的预算，则使用更大的显示器较好。

但是，大型显示器从中心到边缘的距离较长，如果放置显示器的场地狭窄，就导致用户经常从斜向观看显示器，图像

看上去就发生了变形。如果对显示器边框（面板）不太在意，则建议用户使用双显示器。如果是17英寸的显示器，则可排列所需的面板。另外，如果在意预算，则可以考虑低成本购入副显示器。

在Mac系统中，显示器一体机型的iMac也可以配置双显示器，但如果进行高精细照片的色阶调整作业较多，也许将主机侧设为副显示器，购买昂贵的显示器作

为添加显示器更为妥当。另外，购买能够进行色彩管理的显示器时，标准附带显示器罩，但有时由于工作环境关系完全不起任何作用，难于遮挡所有无用的外部光线。

由于生产显示器时原本是以无外部光线为前提的，因此关闭房间内的照明设备进行编辑也是方法之一。

键盘/鼠标/绘图板

根据个人经验的不同，人们对键盘有不同的喜好，哪种较好难以一概而论，建议试用几种产品，选择适合自己的键盘型号。

另外，除键盘主体外，辅助键盘也是非常有用的工具之一，用户可以考虑使用。例如，通过增设程序员专用键盘，可以不使用Photoshop的动作而添加自己喜欢的动作。另外，如果仔细考虑按键的放置，位置则编辑加工将变得更加顺利。

鼠标也是提高工作效率的重要工具。在Photoshop中单击鼠标右键时将显示与使用工具相关的子菜单，因此需要带右键的鼠标。为了提高单击鼠标右键时的便捷性，也可以使用5按钮鼠标等。例如，将上面的按钮保持标准设置，将左、右的添加按钮定义为放大和缩小等，这样可非常快捷地进行编辑。

绘图板的作用已经在不同场合多有描述，此处不再赘述，绘图板已是当今时代必需的工具之一。但是也存在不能使用该工具的操作，根据作业内容的不同选择不使用绘图板也不失为上策。不使用绘图板而编辑工作又很多的人可以考虑使用物理

控制器来替代绘图板。

下图是作者的工作机。作者所在公司其实使用了8台图像处理用Power Mac G5和iMac（17英寸）。下面对较便宜且高效的系统进行介绍。

首先，为了排列Photoshop的面板设置了双显示器，将具有色彩管理的显示器作为工作领域，主体上的显示器用做排列面板。

另外，如果不使用鼠标工作效率将会下降，因此使用多功能鼠标，定义了使用频率较高的"图像显示调整大小"等。

键盘使用了iMac的原厂键盘，将程序员专用键盘用做辅助键盘。在该键盘中定义了Photoshop的快捷键等。另外，在物理控制器中定义了画笔的尺寸变更来进行编辑工作。

iMac（17英寸 2.0GHz Intel core 2 Duo）、具有色彩管理功能的17英寸显示器、powerMate外设 Microsoft wireless Optical mouse 5000、X-keys Professional（58键）

TIPS>> 曲线的考察

对照片底片的性能及颜色特性进行管理时，用户可以使用称为"特性曲线"的图表。通过如何使用该特性曲线确定照片的浓度及色阶。

曲线可以说是将该特性曲线通过软件加以再现的功能。打印稿及显示器上可再现的最高浓度和最低浓度的差（对比度）恒定不变，不管如何进行调整都不会超过媒介的浓度差。其中通过增加何种程度的亮部及暗部、减少哪一部分来确定色彩调整。

通过曲线可在查看色阶和浓度差的同时进行调整。实现了对色阶的调整，各颜色RGB间的浓度差也即将显现，可调整为自然的饱和度。另外，还可以查看直方图，不使用调整也可以完成颜色色阶的调整。

使用Photoshop CS3之后的版本而平常又未使用曲线的人员可以试用一下。

曲线的各种使用方法

曲线原本是进行色彩调整的工具，但也可以轻松地实现对蒙版等渐变的控制。

在本书的实践篇中也会很多次出现这些使用方法，理解了这些使用方法，以往使用渐变编辑器时辛苦的设置工作也将变得很简单。

另外，通过曲线也可控制带有羽化边缘的蒙版。这种方法将添加蒙版的部分微缩为均匀的图像，相对于渐变的控制而言，曲线可以说是更加现实的使用方法。

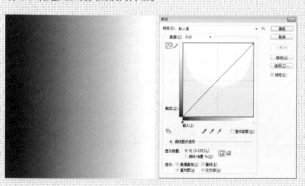

曲线的左下表示黑，右上表示白。在该图像中生动地反映了曲线上的位置关系。由于该曲线的纵轴和横轴数值相同，因此图像中没有任何变化的状态。

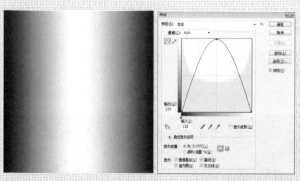

这是将中间调为最亮、将高光和阴影调暗的效果图像。相对于通过纵轴和横轴进行观察而言，凭视觉进行观察更容易理解。对横轴的曲线和图像的亮度相对应这一现象用户应多加以关注。

左侧图像中上部的蒙版较强，将照片的完美部分完全遮盖住了。右侧的图像中通过曲线将蒙版的最暗部分和中间调暗，并将蒙版整体做了薄化处理。通过将蒙版变薄，将原照片按原来形象成功地完成编辑。

通过曲线控制色阶

曲线的操作乐趣就在于可以边确认浓度和色阶，边对图像进行操作。下面使用3种曲线，观察图像的亮度、色阶和饱和度将发生怎样的变化。

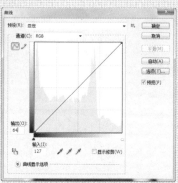

将上面图像当做与以下图像进行比较的基准，可见阴影较多。因为未进行任何编辑，所以曲线呈直线状态。曲线的纵轴和横轴数值相同，使图像中未出现任何变化的状态。从直方图上可知暗部面积较多。

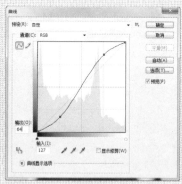

将曲线调整为S形，可见阴影部分更加暗淡，高光部分更加明亮。另外，曲线的中心部分倾斜加剧，可知其饱和度变高。不要在意横轴和纵轴的变化，仅关注曲线的倾斜。图像偏离原图的部分并未增加，只是明亮部分变得更加明亮。

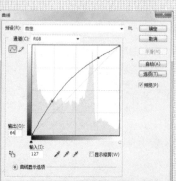

将曲线的高光和少许暗部向上拖曳，图像整体变亮。这是因为与原曲线相比较，没有向下拖曳的部分。可知皮肤的饱和度下降，变得更加柔和。这是因为曲线中与脸部接触的部分（亮部）的倾斜变低了。相对纵轴、横轴而言，通过观察倾斜度能够加深理解的程度。

Photoshop

实践篇
Case Study

01

Case Study: 使用基本滤镜制作LOMO图像

The main function	*Design Point*	*Difficulty*	*Sample Data*
主要功能：	设计要点：	难易度：	样本数据地址：
杂色	了解LOMO个性相机的特色	★☆☆☆☆	/Casestudy01/
高斯模糊			

❖ 知识点： 关于LOMO相机

　　您知道什么是LOMO相机吗？LOMO相机是俄罗斯生产的相机。目前这种相机被称为"问题相机"，在商店都有出售。这是一种小巧玲珑的小型相机。其具有代表性的型号为LOMO LC-A型，该型号的相机焦点模糊，能拍出颜色过艳的高反差的照片。此外，即使是同一型号的相机，由于生产中性能不稳定的原因，每台相机拍摄的照片会有一些差异。

　　然而这款相机的"拍摄走样"、"性能不稳定"这些有趣的特点反而受到很多人的青睐。

　　本节有4个要点：焦点模糊、周围亮度偏低、整体色彩过艳、对比度过强。抓住这些要点，在这里我们将试着制作一幅LOMO（风格）的图像。

通过简单的加工就能轻松地制作出LOMO风格的图像，而且看上去还很不错。了解了图像本身的特色就能用Photoshop进行模拟，因此让我们做种种尝试吧。

1　创建选区

首先使用"椭圆选框工具"创建选区，按住"Alt"键（Mac OS中按住"option"键），从图像中心向周围拖动鼠标后，创建大范围选区并进行羽化（见图 01-01 ）。

由于在以后的操作中将反复使用该选区，因此需将其保存在Alpha通道中（见图 01-02 ）。

创建选区后，选择"选择">"修改">"羽化"命令进行羽化。

01-01

选择"选择">"存储选区"命令把刚创建的选区进行存储。

01-02

2　降低周边亮度

选择"选择">"反向"命令将刚刚制作的选区反转，然后创建新图层，并填充此图层，再给它添加若干杂色，并把图层的混合模式设置为"正片叠底"。

选择"选择">"反向"命令反转选区，创建新图层，然后在反转的图层上进行填充。

02-01

选择"滤镜">"杂色">"添加杂色"命令，设定"数量"为15%；"分布"为"高斯分布"。

02-02

在此基础上将图层的混合模式设为"正片叠底"，如左图所示。

02-03

3　焦点的调整

在这里将焦点对准图像中心后，把其他的部分进行模糊处理。载入刚才存储的选区，反向后保存在新建图层中，这样就可以从源图像制作出此选区的图像。为此图层添加"高斯模糊"滤镜，将其"不透明度"设为50%。

载入刚才存储的选区，反转后选择"图层">"新建">"通过拷贝的图层"命令，这样就可从源图像制作出此选区的图像。

03-01

选择"滤镜">"模糊">"高斯模糊"命令，进行模糊处理后，将图层的不透明度设置为50%，并与原有图像重叠。

03-02

4　提高整体图像的对比度

通过调整图层的"亮度/对比度"可提高图像的亮度和反差。当对比度增强到稍稍夸张的程度时，就能形成LOMO风格的图像（见图 04-01 ）。

该操作适用于提高图层的"亮度/对比度"。其设置值为："亮度"10，"对比度"30。

04-01

5　图像颜色的调整

通过调整图层的"色相/饱和度"可稍稍降低色彩。按照原图像把这里的设定值（参数）设成不同的值，把图像调整得特别显眼。因为制作LOMO（风格的）图像的要点就是让色彩鲜艳（见图 05-01 ）。

05-01

该操作适用于调整图层的"色相/饱和度"。其设置值为色相：0，饱和度：-15，明度：0"。

02

Case Study: 使用HDR合成技术制作完美的风景图片

The main function	**Design Point**	**Difficulty**	**Sample Data**
主要功能：	设计要点：	难易度：	样本数据地址：
HDR转换 色相/饱和度	准备明暗分明的夜景照片	★☆☆☆☆	/Casestudy02/

❖ 知识点：首要的是素材

制作HDR（高动态范围）图像时，首先要拍摄明暗分明的夜景类照片。

要准备数张曝光量不同而取景相同的素材照片。在摄影时，需要用能够保存Raw DATA的数码单反相机和能固定的三脚架。可以说，如果具备了上述器材和素材，制作HDR照片就不难了。当然，即使素材再好，在Photoshop中随意编辑也做不好HDR（高动态范围）图片。

下面介绍在准备好素材后，如何在Photoshop中进行编辑的方法。

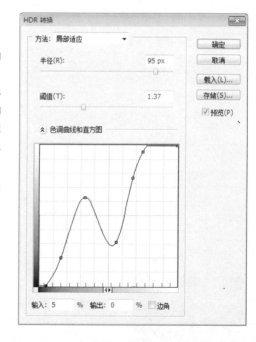

制作HDR图像时需使用"HDR转换"对话框。HDR图像的好坏关键在于设置"HDR转换"和"曝光度"。
需要注意的是，这个设置会破坏图像，重设时需要从历史记录返回。

1 选择适宜的照片

　　自己制作HDR（高动态范围）图像时，首先需要收集图片。要摄制3张以上高、中、低曝光状态的照片后才能进行合成，并希望是Raw DATA的图片。

　　这里的操作实际上就是将已经转为Raw DATA的高、中、低曝光状态的照片从Adobe Bridge中取出的准备工作（见图 01-01 ）。

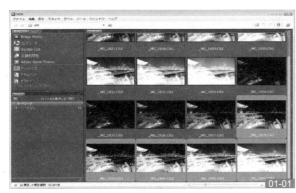

从Adobe Bridge中选出几张照片。多选几张没有关系，不适合的照片随后还可以删除。选取照片后，选择"工具"＞"Photoshop"＞"合并到HDR Pro"命令。这次我们选取了从+2EV～-32/3的5张照片。

2 将选取的照片合并到HDR

　　画面左侧显示了已选取的照片。取消选中后可变成预览，因此可看到制作好的图像。这里先不管是否合适，可通过随后的步骤进行调整。此位数一定要选择"32位"，然后单击"确定"按钮进行确定（见图 02-01 ）。

用32位保存。选择32位后，单击"确定"按钮。

关于HDR的摄影

在这里使用改变快门速度拍摄的多张Raw照片创建HDR图像。从多张照片制作HDR图像时，最好使用基本上不用调整光圈，而靠使用三脚架，改变快门速度获得的图像。为什么呢？因为调整光圈会使焦点（曝光的景深）发生变化；多幅图像会出现不同的画质。

此外，HDR图像能在夜景图片中发挥奇效，因此用反差大的风景照片最好，拍摄云彩时黄昏时刻为最佳摄影时间。最少拍摄3张，可能的话拍摄5～9张，照片的曝光度差异在一两个EV，可获得不错的图像。

现在使用三脚架，在-4EV～+4EV的范围内拍摄了3套（高、中、低）1EV曝光程度的照片。通过拍摄3套照片，即使有变动的景物，也可从中选出较好的素材。

3 保存图像

　　现在可以完成HDR图像了。现在的32位图像在实际打印中几乎不能使用，因此要转换成16位（见图 03-01 和图 03-02 ）。

在转换成16位图像前要先保存，首先要仔细确认图像，确认的要点是有没有合成不自然的部分，有没有高光和阴影，特别要注意观察有变动的图像。

保存了32位图像后，将其转换成16位图像。随后作为同一文件进行操作，因此保存复制图片也没关系。

保存复制图片时，可更改图片名，以便不打开图片就知道它是32位图像。

4 32位图像的调整

　　可选择"图像"＞"调整"＞"曝光度"命令进行图像的浓度调整（见图 04-01 和图 04-02 ）。

　　在"曝光度"对话框中不仅能设置中间浓度，还可以设置高光和阴影的图像浓度。也可以不用"曝光度"命令调整，通过"HDR转换"对话框进行设置也可获得很好的效果。

选择"图像"＞"调整"＞"曝光度"命令，在对话框中设置曝光度。

曝光度：在最小限度地影响阴影的情况下改变高光的浓度。

位移：在最小限度地影响高光的情况下改变阴影和中间浓度。

灰度系数校正：在最小限度地控制高光和阴影的情况下改变中间浓度。

5 转换成16位图像

现在将32位图像转换成16位图像，因为32位图像不能打印。转换成16位图像时需要改变浓度分布（见图 05-01 ）。

在大致的流程中，仅仅将图像从32位转换成16位几乎看着就算结束了，但必须通过"HDR转换"对话框进行HDR转换的设置后才能完成全部转换。

选择"图像">"模式">"16位/通道"命令，打开"HDR转换"对话框，从"方法"下拉列表中选择"局部适应"（见图 05-02 ）。

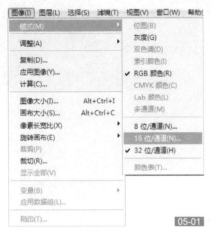

05-01

转换16位图像时，可选择"图像">"模式">"16位/通道"命令。

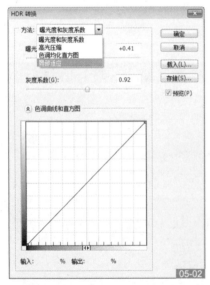

05-02

HDR图像中含有16位无法完成的灰度，因此转换16位图像时一定要打开"HDR转换"对话框。

这种方法不仅能灵活地改变浓度分布，还可通过"半径"、"阈值"的水平调整调和不同亮度的部分，从而制作出独特的图像效果，如这些夜景更浓的照片。在"局部适应"的"色调曲线和直方图"（见图 05-03 ）选项组中，通过调整曲线，可以消除不协调感。

即使相同的曲线，也可通过"阈值"和"半径"来改变画质，我们可尝试着用多种"阈值"和"半径"来制作出理想的图像（见图 05-04 ）。

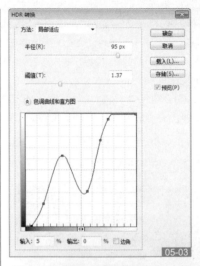

05-03

在"HDR转换"对话框的"方法"下拉列表中可以选择转换方式，本次操作选择的是"局部适应"。

05-04

图左边是转换后的图像，右边是转换前的图像，结果一目了然。从32位转换成16位，会降低图像的表现力，可通过局部适应提高各部分的反差。

6 图像的调整

HDR图像几乎完成时，还要进行更细致的调整，才会出现更好的画质。首先，用"曲线"和"色相/饱和度"做最终的调整（见图 06-01 ）。

用"调整图层"和"图层效果"编辑图像并非破坏性编辑，不会破坏原图像，因此，使用"调整图层"可对已完成的图像进行调整。

现在使用"曲线"和"色相/饱和度"会出现什么效果呢？有些图像中有许多生硬又不协调的地方，于是使用"曲线"和"色相/饱和度"命令把光和影的差别去掉，从而创作出柔和的图像。

06-01

在HDR图像的"背景"图层上创建"曲线"的调整图层。

Photoshop
Design Lab

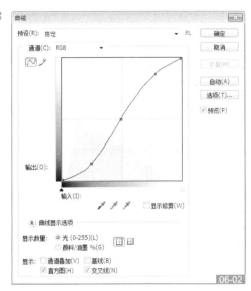

由上图可知，在本图像中运用了S形曲线，为了让S形曲线既突出又柔和地显示高亮和阴影，必须将圈起来的高亮部分变成柔和状态。

将圈红的地方平滑地显示。

再设置饱和度，创建"色相/饱和度"的调整图层。

当全图饱和度为"+10"时，为了在画面上增加重要的蓝色，把"蓝色"的"饱和度"设为"+25"。

使用小型数码相机拍摄HDR素材

　　作为HDR摄影必要的条件，可举出3点，即Raw DATA摄影、广角镜头和长时间曝光。要满足上述条件，一定要用数码单反相机。从需要"更好的环境"这一点来说是对的，根据拍摄内容，有时小型数码相机比数码单反相机和三脚架的组合还好。例如，想拍摄偶然遇到的晚霞或无意识的场面的时候，小型数码相机可随时曝光，而Raw摄影则做不到。HDR图像可以最大限度地拉长部分领域内的浓度差，可以模拟制作高亮的图像，也就是当不需要把实际浓度扩大的时候，小型数码相机也能够制作HDR图像。

　　作为样品，使用500万像素的数码相机拍摄出的JPEG数据和制作出的HDR图像。

　　图HDR01所示为拍摄的原始数据，此图像利用"曲线"和"色阶"制作出明亮的图像HDR02和比较暗的图像HDR03。按照与制作HDR相同的顺序制作这3张图像。在HDR合成时会出现报警，但不是从Raw图像出来的。继续制作，可以制作出HDR图像，由于不是在进行标准的HDR合成，因此在制作较亮图像和较暗图像时，可通过现状较大调整最终图像。

　　不单是HDR合成的设定，就是制作较亮图像和较暗图像的设定也可以尝试着做各种修改。HDR合成后可通过平移焦点调整色彩饱和度（见图HDR04）。

03

Case Study: 使用图层样式制作浮雕图案

The main function
主要功能：
图层
图层样式

Design Point
设计要点：
使用图层样式做出自然的
浮雕效果

Difficulty
难易度：
★ ☆ ☆ ☆ ☆

Sample Data
样本数据地址：
/casestudy03/

❖ 知识点：熟练使用 "图层样式"

本节将讲解编辑中使用的 "图层样式"，这属于非破坏性的编辑处理。借助这一特性，我们可以轻松地使用各种样式，而且图层的形状也会自动地对应变化，所以能保证图像的品质。同时，样式的设定值也便于管理，必要时可对图层样式进行复制、粘贴。

❖ 知识点：操作上的图层结构

本节的图层结构初看好像很复杂，其实只是由背景与浮雕图案两部分组合的。

图层由背景部分与浮雕图案的色彩曲线组成，如分解开来看结构，即使有几十个图层，也不算复杂。

如果不想使用默认值，改变各项设定值可制作出色彩更为协调的图像。

图层的构成并非特别复杂。

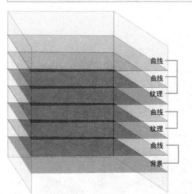

1 载入数据

首先将要粘贴的浮雕数据载入Photoshop中（见图 01-01 ）。

这时，从正面看上去长宽比应大体一致，如果比例相差太大，则应修改原始数据或在Photoshop中修正。

将要贴附的底层图层重命名为"相册"。

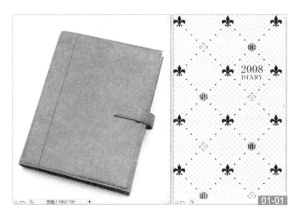
01-01

注：浮雕的图版应用Illustrator等做好备用。

2 浮雕的变换

通过"编辑">"自由变换"命令将浮雕处理成合适的规格。操作时，按住"Ctrl"键用鼠标拖动，即可使形状自由变化，直到符合自己喜欢的形状为止（见图 02-01 ）。

02-01

注：按照日记的走向用"自由变换"工具调整。书本类型路径不容易出现偏差，这个阶段也可以在头脑中构思出最后的作品。

3 将皮革纹理载入选区

将浮雕载入选区，把产生的图层重命名为"浮雕"（见图 03-01 ）。

为了将"浮雕"图层的不透明部分加入选区，可以选择"选择">"载入选区"命令进行选择（见图 03-02 ）。

依照如图 03-03 所示的参数进行设置。

03-01

注：为了从"浮雕"图层中读取数据，先将该图层激活。

03-02

注：选择"选择">"载入选区"命令进行选择，也可以按住"Ctrl"键（Mac OS 中为"Command"）单击图层的缩览图来代替。

03-03

注：设置"文档"为"CaseStudy03.psd"，"通道"为"浮雕图案"，选中"新建选区"单选按钮。

激活目标图层，如没有选区，则自动采用相同的设置。

4　复制皮革纹理

为了后面的操作，从现在的选区改为复制相册图层的选区，方法是选择"图层">"通过拷贝的图层"命令（见图 04-01 ）。

将产生的新的图层命名为"浮雕图案"。

此时可以删除"浮雕"图层（为留做备份，不删除也可）。

删除图层时，单击"删除图层"按钮即可（见图 04-02 ）。

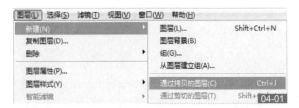

也可通过将图层拖动到"图层"面板上的"创建新图层"按钮上进行复制。用熟以后很便捷。

考虑到备份，可保留原图层，但如果图层过多，也会影响操作。

删除图层时，一定要能返回原来的状态。本节的浮雕原数据虽然是Illustrator数据，但已经通过Photoshop进行了缩放、变换，因此很难做出完全一致的结果。

5　浮雕的创建

下面进行浮雕处理。应用"浮雕图案"处理时，为了在"浮雕图案"图层中应用浮雕图案，可以单击"添加图层样式"按钮，在弹出的下拉菜单中选择"斜面和浮雕"命令（见图 05-01 ）。

各预设值参照图 05-02 。浮雕的"阴影"可从高亮颜色和阴影颜色设定。默认为黑与白，设定时用吸管工具从素材上选色，高光从"日记本"的最亮处取色，阴影从最暗处取色，以形成自然的浮雕效果（见图 05-03 ）。

除"斜面和浮雕"外，根据自己的喜好可尝试"投影"、"内发光"等样式的效果，特别是在表面光滑且有光泽的材质上，应用图层效果可产生很有意思的效果。

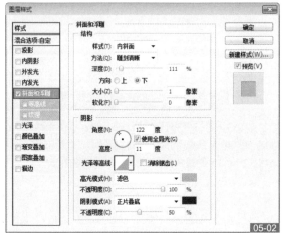

设置"样式"为"内斜面"，"方法"为"雕刻清晰"，"深度"为"111%"，"方向"为"下"，"大小"为"1像素"，"角度"为"122度"，"高度"为"11度"；"高光模式"为"滤色"，"高光模式"下的"不透明度"为"100%"，"阴影模式"为"正片叠底"，"阴影模式"下的"不透明度"为"50%"。

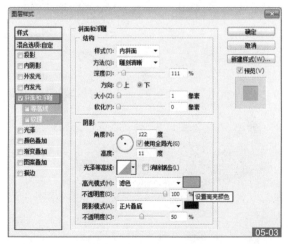

"高光模式"和"阴影模式"等不仅限于白色和黑色，若使用素材原色，更能增强真实感。

6 添加浮雕的高光部分

设置浮雕的高光部分。为了添加高光部分，可采用与刚才相同的方法，即单击"添加图层样式"按钮，在弹出的下拉菜单中选择"投影"命令（见图 06-01）。

各设定值如图 06-02 所示。设置颜色时，选择比刚才高光部分稍暗的部分。

可设置多种图层效果，也便于删除。由于这种操作是非破坏编辑，因此可进行反复操作，直至获得期望的效果。

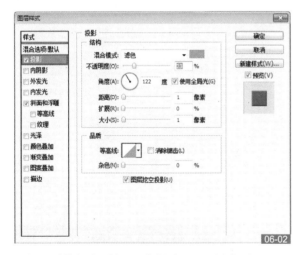

设定："混合模式"为"滤色"（可指定颜色）、"不透明度"为"23%"、"角度"为"122度"、"距离"为"1像素"、"扩展"为"0%"、"大小"为"1像素"。

7 不用部分的蒙版

使用图层蒙版功能隐藏如图 07-01 所示的红色圆圈部分。

首先单击"添加图层蒙版"按钮，添加图层蒙版（见图 07-02）。此时图层蒙版呈激活状态，使用画笔工具将画面上不要的部分涂黑（见图 07-03）。

确认已完全隐藏不需要的部分（见图 07-04）。

在载入数据时将红色圆圈部分删除更好。

此操作也属于非破坏性编辑。它仅对"浮雕图案"图层进行遮盖。计划再次显示时删除蒙版。

可在图层和通道上添加蒙版。

不需要的圆圈已完全看不到了，这种修正方法在图层编辑中很常用，请大家牢记。

8 复制凸出部分的图层

选择浮雕中计划凸出的部分。

首先，使用套索工具选择浮雕中计划凸出的部分。本节我们选择写有"2008 DIARY"的部分（见图 08-01）。激活"浮雕图案"图层（见图 08-02），选择"图层">"新建">"通过拷贝的图层"命令（见图 08-03）。

通过呈现凸凹的纹样，增强图像的立体感。

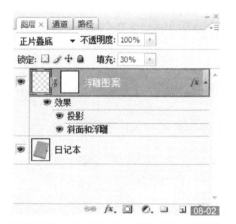

激活图层后，颜色变为绿色。编辑时注意不要选错图层。

通过按"Ctrl+J"组合键也能实现上述功能，在实践中应记住此快捷键。

9 使浮雕产生凸出效果

通过对图层样式进行设置，使图像能产生浮雕式凸出效果。

将刚复制的图层命名为"凸出"（见图 09-01），双击图层样式的"斜面和浮雕"，打开"斜面和浮雕"对话框（见图 09-02）。

设置"方向"为"上"，数值大小可适当变化（见图 09-03）。

复制的图层的图层效果与原图层的图层效果保持一致。

仅更改"斜面和浮雕"设置中的"方向"，由此，可制作出与原图层相反的浮雕。

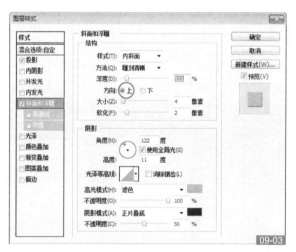

基本上与先前制作出的浮雕相反。

10 调整曲面

此时已基本上完成了调整，但右侧的边缘部分与日记本的曲面部分结合得不太好（见图 10-01）。

首先激活"浮雕图案"图层，根据日记本的曲面形状，选择一个计划置入曲面中的浮雕图案（见图 10-02）。

然后，选择"编辑">"自由变换"命令，出现变换框（见图 10-03），再按住"Ctrl"键，用鼠标拖动控制手柄使其沿曲面改变形状。完成变形操作后取消选区。采用同样的方法处理所有不自然的曲面。

整体完成效果还算可以，若处理好外侧向下弯曲的浮雕，将使图像更加逼真。

最终调整好这些细节后才能得到更完美的作品。

这里仅选取一个凹陷作为示例，实际操作时应修复所有凹陷的部分。

若变形过度，也会增加不自然感或出现高低不平的效果，因此需认真观察、操作。

11　用图章工具修正不自然部分

在刚才变换的区域中出现了不自然的部分，可用图章工具对其进行修正（见图 **11-01** ）。使用不透明度为80%的小型图章对其进行仔细的修正。对于亮度不自然的部分，用减淡工具稍微进行编辑使其减淡。

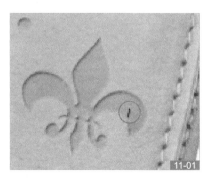

修正凹陷部分时应注意与外侧颜色的协调，过明、过暗都会很显眼，看起来很不自然。

12　各组件的细微调整

通过以上操作基本上完成了编辑，构成图像的各组件全部位于不同的图层，通过调整图层可分别对各图层的颜色和浓度进行调整。

这里应用曲线对"浮雕"、"凸出"及主体所有的图层进行调整（见图 **12-01** ）。

通过"图层"面板上的"创建新的填充或调整图层"按钮创建调整图层。在各图层上部创建调整图层并将其设为剪贴图层。

按住"Alt"键（Mac OS中为"option"键）拖曳各图层，可将其设为剪贴图层。

在调整图层中选择了曲线。但这样操作时该图层下面的所有图层的颜色都将发生变化，所以不要忘记将调整图层设为剪贴蒙版。
选择"图层"面板控制菜单中的"创建剪贴蒙版"命令创建剪贴蒙版。

在调整图层中选择了曲线。因为与图层效果相关，所以颜色并不能按照期望的那样发生变化。
调整图层可以随时重新编辑，所以尽可放心更改。

完美地完成了编辑。由于各种效果基本上都是在图层效果中实现的，若不太满意浮雕的角度与深度，可简单地进行变更。

浮雕与图层效果

运用本节介绍的方法可给各种物品添加浮雕，金属制品和照片中的商品都能使用。除复制的图层外，在新创建的纹理上添加浮雕也可产生有趣的效果。以前为了附上浮雕需使用滤镜，且不便于撤销，但图层效果随时都可修正，操作时即使有所疏忽，也可即时改变设定值，不断推进编辑作业。

04

Case Study: | 使用联系表Ⅱ制作马赛克图案

The main function
主要功能：
图层

Design Point
设计要点：
马赛克图案与原图案的匹配

Difficulty
难易度：
★ ☆ ☆ ☆ ☆

Sample Data
样本数据位置：
/casestudy04/

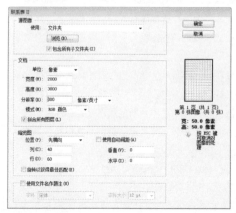

❖ 知识点：**整体图像与像素数**

本节编辑的重点是原图与马赛克的大小。特别是原图较大时，如果不按比例相应地放大马赛克的像素数，可能看不到马赛克的整体。从这种意义上讲，如何保持平衡是操作的重点之一。

另外，计划在某种程度上显示原图时，最好使用最小A4或者A3大小，甚至A2的印刷规格。

此节编辑的重点是联系表Ⅱ。该功能主要用于制作产品目录，很少用于照片加工。这里我们把它用在拼合马赛克图案上。

原本很普通的功能，若仔细研究，也能发现新的用途。

1 收集马赛克原图并重命名

要制作由多张原始图片嵌合而成的微型马赛克画面，需要非常多的原始图片。当然可以使用同样的图片拼贴。本节使用2 400张原始图片拼贴马赛克。若不能准备如此多的图片，也可通过复制文件准备好计划拼贴的图片。

若使用素材库的图片，拼贴时各图片会自动地按文件名顺序排列。即使这样，也没有大的问题。但要制作出更具马赛克特点的微型马赛克图案，将不同的图片散乱地进行置入为宜。

为了得到散乱的图像，将每张原始图片重命名为任意的文件名（见图 01-01 ）。

使用共享软件中的重命名工具能一次性实现重命名。

2 创建缩小图像的"动作"

为了把图像缩小为马赛克素材图片，先把适当的图片复制后打开，然后单击"动作"面板上的"创建新动作"按钮（见图 02-01 ）。

然后将动作命名后保存。

动作本身出错后可以撤销重做，不必重复所有的操作。

先把图片缩小，使其显示为满画布的正方形。为了缩小图片，选择"图像">"图像大小"命令。各设置值根据原始图像而定，图片规格一致时，文档规格的宽（或高）可以通过百分比设定（见图 02-02 ）。

应注意的是，缩小后图片的短边不要小于最终做成的马赛克的尺寸。另外，在"重定图像像素"下拉列表中选择"两次立方较锐利（使用于缩小）"选项。这里我们设置为缩小15%。

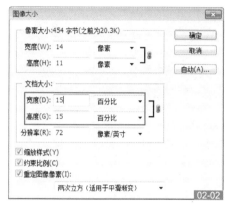

当然也可记录这里的动作。但是若不单击"确定"按钮，将不记录动作。

然后选择"图像">"画布大小"命令。这次因计划制作50像素×50像素的图片，所以宽、高都设为50像素（见图 02-03 ）。将图片剪小时，往往会弹出警告对话框，不必理会，单击"确定"按钮，保存图片后关闭对话框。

红框内的部分就是本次创建的"动作"（见图 02-04 ）。

"画布大小"是Photoshop中的常用工具，它可修整图的边缘，非常重要。

单击三角形按钮，即可看到设置的参数。
但参数设置完成后就不能在Photoshop中再次进行修改了。

3 通过批处理将图像转换为马赛克素材图像

为了提高批处理的速度，首先关闭所有用不到的面板，然后选择"文件">"自动">"批处理"命令（见图 03-01）。

在打开的"批处理"对话框的"播放"区域中选择保存的"动作"，在"源"区域中指定存放要处理的原始图像的文件夹。选中"禁止颜色配置文件警告"复选框。若指定的文件夹中还包含要处理的原始图像的文件夹，则要选中"包含所有子文件夹"复选框（见图 03-02）。

"目标"选项区域无需特别进行指定。设置完成后单击"确定"按钮。动作结束后，若处理后各图片变为50像素×50像素，即可完成操作。

选择"文件">"自动">"批处理"命令，在对话框中指定存放计划处理的文件的文件夹。

"批处理"是一项具有特殊风格的工具，很难通过理论进行说明，请通过多次练习加以掌握。

4 使用联系表II拼贴

为了加快批处理的速度，首先按"Tab"键，关闭暂时不用的面板。

然后选择"文件">"自动">"联系表II"命令，启动"联系表II"，进行图片的拼贴，具体设置如图 04-01 所示。

"源图像"区域的文件夹选择与步骤3一致。当素材保存在几个文件夹时，视情况选中"包含所有子文件夹"复选框或指定相应的文件夹。

"文档"区域主要用于设置上面载入的素材图片如何拼合。本例我们准备横向拼合40个文件，纵向拼合60个文件，所以宽度设为50×40=2 000像素，高度设为50×60=3 000像素，并选中"拼合所有图层"复选框。

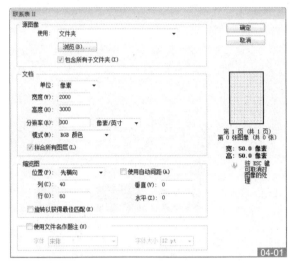

设置"单位"为"像素"，"宽度"为"2000"，"高度"为"3000"，"分辨率"为"300像素/英寸"，"模式"为"RGB颜色"，"位置"为"先横向"；选中"使用自动间距"复选框，设置"列"为"40"，"垂直"为"0"，"行"为"60"，"水平"为"0"，这样就可以将图片合并成无缝隙的图像。

在"缩览图"区域设置"列"为"40"、"行"为"60"，取消选中"使用自动间距"复选框，设置"垂直"、"水平"为"0"。取消选中"使用文件作题注"复选框。设置完成后单击"确定"按钮，即可开始拼合处理。

处理完成后可得到如图 04-02 所示的整齐排列的马赛克图像。

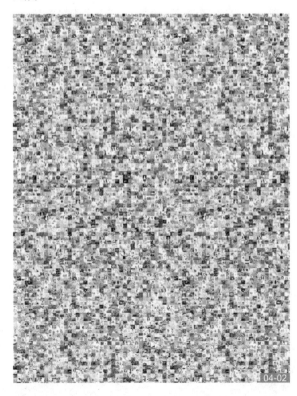

5 调整马赛克图像的大小

由于最终目标是制作3 500像素×5 000像素的图像，因此将马赛克原图像也调整为相同大小。

刚才创建的图像是2 000像素×3 000像素的，因此需要进行调整。更改50像素×50像素的马赛克素材的大小并不会对作品产生影响，因此复制图像后将马赛克图像排列到上下左右（见图 05-01 ）。

选择"图像">"画布大小"命令，该命令在分辨率不变的条件下可增大或者缩小画面。

通过"图像">"画布大小"命令可放大画布，这样可设置为与原图相同的大小（见图 05-02 ）。

画布大小将大于原马赛克图像，在马赛克周围会出现余白（见图 05-03 ），之后对其进行修正，在这里要仔细确认图像大小是否达到了所需的大小。

在"画布大小"对话框里，设置图像尺寸为3 500像素×5 000像素，将基准位置设置为左上。当然基准位置设置在哪里都没有问题，定位在左上时，在右、右下、下3个方向复制粘贴即可。

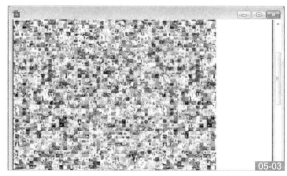

将基准点设定为左上，右侧和下面会出现余白。

复制先前扩大画布大小的马赛克图像的图层，填充右侧与下方的余白。复制图层时选择"图层">"复制图层"命令（见图 05-04 ）。

由于需要复制到右侧、下方、右下方，因此需要复制3次图层。使用"移动工具"将复制的图层分别移动到相应的位置，并与原图像拼合，不要留有空隙。

选择"图层">"复制图层"命令，也可将图层拖至"图层"面板上的"创建新图层"按钮上复制图层。

拼贴时，复制图层可能有一部分超出画布，不必在意，继续进行编辑。

操作完成后的图像效果如图 05-05 所示，超出画布的图像已没有用处，选择"选择">"全部"命令后，选择"图像">"裁切"命令将其删除。

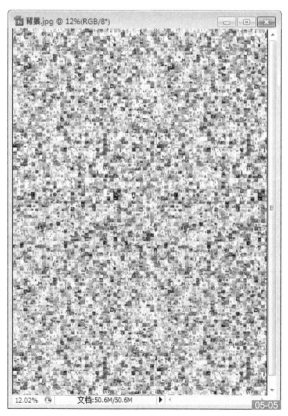

本节马赛克单个图片的规格是50像素的正方体，若用更大像素来制作可能会更有意思。

6　合并图像和马赛克原图

　　将计划制作成微型马赛克的图像和马赛克原图保存至同一文件中（见图 06-01 ）。

　　首先，按住"Shift"键将马赛克原图所在图层的图层缩略图拖至计划制作成微型马赛克的图像文件中。然后再次复制两次图像（计划制作成马赛克的图像），将马赛克图层移至"图层"面板的最上部。图层结构如图 06-02 所示。

06-01

边确认图层的顺序边进行制作。背景可以保持白色不变。

06-02

最终图层为1个马赛克拼贴图层、3个背景图层。

7　更改图层混合模式

　　制作微型马赛克图像时，需要通过位于最上部图层中的马赛克图像看到下部的图像。这并不是单纯地拼贴马赛克，而是创建富有变化的图像时必需的操作。因此需要更改图层混合模式。可根据图像的氛围及期望结果自由更换计划使用的图层混合模式。本次编辑中使用"柔光"和"强光"混合模式。

　　首先，为了便于实施作业可更改图层的名称，从上至下将图层分别命名为"马赛克"、"肖像画1"、"肖像画2"、"肖像画3"（见图 07-01 ）。

用户经常随意命名图层，但图层较多时，为了准确把握各图层的情况，应仔细命名图层。

07-01

　　然后将图层"马赛克"的混合模式设置为"柔光"，将图层"肖像画1"和"肖像画2"的混合模式设置为"强光"（见图 07-02 ）。

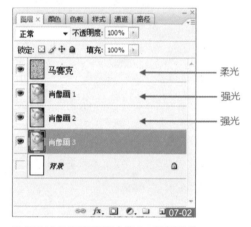

柔光
强光
强光

07-02

用户可以自己设置图层混合模式，尝试各种效果，有时可以获得意想不到的效果。

微型马赛克的应用

　　为了制作准确的微型马赛克图像，在所有的图层上应用"马赛克"滤镜。

　　类似此实例，应用50像素的矩形"马赛克"滤镜时，信息量变为了1/50。

　　除制作正常的照片马赛克之外，如果计划制作视觉效果更好、富有个性的作品，仅对部分图层应用"马赛克"滤镜。

　　样本图像中仅对最下面的图层应用了"马赛克"滤镜。

　　实现马赛克照片这一表现手法的方法有很多种，还有专门的应用软件。但是这里介绍的微型马赛克图像的实现方法与使用专用软件的效果不同，可自行控制十分细密的图像。

　　为了享受更多的制作乐趣，除这里介绍的方法之外，用户可更改设置试用各种方法。

更改混合模式时，激活计划更改的图层，通过"图层"面板的混合模式下拉列表进行选择（见图 07-03 ）。

07-03

图层模式中的"柔光"、"叠加"、"强光"等仅将灰色进行透明处理。
类似这样，经常用到通过叠加图像来更改氛围的方法。

8 "马赛克"滤镜

制成了微型马赛克图像后，仔细观察可以发现，透过马赛克图层可以看见下层图层的图案（见图 08-01 ）。

这只是透视可视，根据马赛克单元格大小（50像素×50像素）在"肖像画1"、"肖像画2"和"肖像画3"图层中应用滤镜。

选择"滤镜"＞"像素化"＞"马赛克"命令，在打开的对话框中设置"单元格大小"，如图 08-02 所示，设定"单元格大小"为50像素时可获得50像素的马赛克。

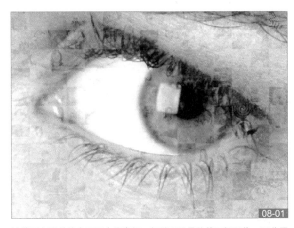

08-01

该效果在当前状态下已十分有趣，但并不是最终的目标图像，因此需要继续进行编辑。

马赛克

6%

单元格大小(C): 50 方形

08-02

用户需要先准确掌握马赛克图形大小为多少方形，之后通过该方形应用"马赛克"滤镜，从而获得更加突出的马赛克图案。

图 08-03 和图 08-04 所示为获得了50像素的马赛克图像，因此完全变为了微型马赛克。

这次在所有的原图中应用了滤镜，严格来讲，不需要使用微型马赛克图像时，不应用"马赛克"滤镜也可以制作出更加细密的图像。

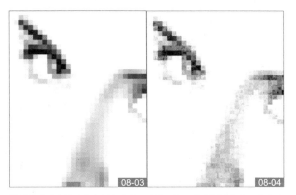

08-03   08-04

将原图马赛克和马赛克图案完全匹配到一起。这次设置值为50像素，若想更加突出马赛克，调大马赛克值即可。

9 图像的调整

制作微型马赛克图像时，稍微浓厚且对比度高的图像更容易营造出氛围，因此使用曲线进行最后的完善。

在"肖像画1"和"肖像画2"图层中应用如图 09-01 所示的曲线。之后无需再次进行调整时可以不使用调整图层。

但是，设为调整图层时将对下层所有的图层应用曲线，最下层的"曲线1"图层中应用了两次曲线，因此使用剪贴图层更好。

设为剪贴图层时，相对于通过"图层"面板的图层选项进行选择，选择"创建剪贴蒙版"更方便。

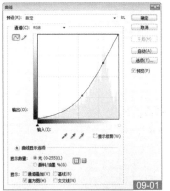

09-01

在日常编辑过程中开始体会"曲线"调整会对原图产生怎样的影响。图 09-01 所示为增强对比度时的曲线。向相反方向操作时可以获得明亮、柔和的图像效果。

调整前   调整后

09-02

05

Case Study: 使用"色彩范围"和"色相/饱和度"的秋景

The main function
主要功能:
色彩范围
色相/饱和度

Design Point
设计要点:
通过"色相/饱和度"和
图层蒙版营造出自然的秋色

Difficulty
难易度:
★★☆☆☆

Sample Data
样本数据位置:
/Casestudy05/

∴ 知识点: 考虑整体色彩平衡

这次我们将原本绿意盎然的风景图像加工成洋溢着红叶风情的秋景图像。但是,如果为了实现这个目的而在整体内应用红色系统,则照片将变成色偏的作品。因此,保留部分绿色,添加改为红叶的红色,通过红、绿之间的对比完成作品,这样更能制作出具有"红叶"特征的照片。

为了制作出逼真的图像,较好的办法是使用"色彩范围"对选中的蒙版通道进行再次编辑,把无需改为红叶的部分通过蒙版通道删除。类似这样,使用多种工具、通道进行编辑正是这次编辑的关键。

∴ 编辑过程中的图层结构

在下面的编辑过程中,选中图层后选择"图像">"调整"子菜单中的命令添加"曲线"和"色相/饱和度"。因此,在一个图像中有多个选择部分时,每次都需要创建图层,并在该图层中添加调整图层,根据图像内容的不同,有时可使用很多图层。操作时,为了便于管理,需要将相关图层集中到"图层组"中。

另外,使用调整图层时,如果不能很好地掌握图层间的总分关系,将不能创建预期的照片,用户需加以注意。

"色彩范围"是在指定蒙版过程中经常使用的工具之一。

"色彩范围"与其他软件的功能不同,它是Photoshop软件的独创功能,丰富的"选择"工具群也是其他软件所不具备的。

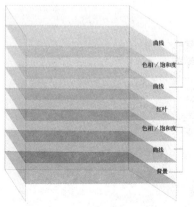

看似使用了许多图层,但实际上大部分都是调整图层。

遇到这种情况时,将图层集中到"图层组"中进行编辑效果更佳。

这样操作时虽然可视性有所下降,但更便于管理,之后再观察时也可以明白进行了怎样的编辑操作。

1 原图的色彩校正

如果去除杂点及不需要的内容后再调整颜色，调整颜色的位置将很显眼，因此在一开始即进行颜色调整。

在本次编辑中使用"曲线"命令，根据需要有时也使用"色相/饱和度"命令。原照片虽然浓度适中，但其中夹杂着一些绿色，如图 01-01 和图 01-03 所示，调整红色通道（R）和蓝色通道（B）。使用调整图层进行颜色调整，该图层可在之后进行调整（见图 01-04 ）。

另外可以稍微调亮绿色通道（G）的高光部分，但之后需要将整体烘托出一种红黄色的氛围，所以这里暂且保持绿色通道的原样不变（见图 01-02 ）。

在自然风景照片中，由于受到紫外线及树叶颜色的影响，经常会出现色彩重叠，为了使其看起来更加自然，需要仔细进行设置。另外，也需要使用"曲线"及"变化"命令等改变颜色进行比较。

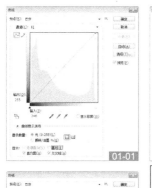

如果不向上拖曳红色通道（R）及蓝色通道（B），也可以向下拖曳绿色通道（G），通过控制2个通道能够进行细致的色韵调整。

通过曲线对颜色重叠进行校正，完全将茅草屋和绿苔区分开来（见图 01-05 ）。

另外，在开始第二步之前，仔细确认图像中是否有不需要的内容及杂点。

与原图像相比，去掉了颜色重叠，得到了层次清晰的图像。

2 通过"色相/饱和度"制作红叶的颜色

在图像中，能够变为红叶的植物是近处和远处的枫树。

近处的其他树木因为是常绿树木，所以不将其变为红叶。保持原来的绿色最好，但为了营造出整体的氛围，需将绿色稍微加以弱化。

首先只考虑近处和远处的枫叶颜色，通过"色相/饱和度"将树叶的颜色改为近似红叶的颜色。单击"图层"面板中的"创建新的填充或调整图层"按钮，在弹出的下拉菜单中选择"色相/饱和度"命令，提高饱和度（见图 02-01 和图 02-02 ）。整体颜色尤其是近处和远处的枫树颜色变为了红叶颜色（见图 02-03 ）。

没有必要更改颜色的部分已通过图层蒙版加以隐藏，无需特别注意。如果担心可将计划下一步骤中创建的图层先在这一步骤中创建。

选择"色相/饱和度"命令进行饱和度设置。
"调整图层"为非破坏性编辑。

设置编辑为"全图"、"色相"为"–81"、"饱和度"为"+14"。这只是编辑该图像时的设定值，并非绝对值。

与前面的照片对比可知，颜色变化比较明显。但是这种状态下红色过于强烈，在下一步骤中使其接近自然颜色。

3 在"色相/饱和度"图层中创建蒙版

计划更改部分颜色时可创建调整图层，在不需要变更的部分中填充图层蒙版。

在蒙版中填充白色时调整图层的效果生效，填充黑色时无效。可采用任何方法填充并创建蒙版，同时使用"色彩范围"命令、选区工具和画笔工具高效地推进作业。

通过"色彩范围"命令在右侧近处的枫叶和背景茅屋中创建蒙版，将枫叶染成红叶。通过中间左上的常绿树木创建薄型蒙版，以保留绿色。

在其他部分中通过选区和填充工具、画笔工具创建蒙版（见图 03-01 ）。

从当前的色彩来看，红叶过于红艳，因此以红色圆圈部分为中心调整色彩平衡。

首先通过"色相/饱和度"大幅提高饱和度，提高作业便利程度，并进行颜色取样。在适当的时机将"色相/饱和度"图层返回初始值（见图 03-02 和图 03-03 ）。

将颜色取样中的"颜色容差"调小，按住"Shift"键并单击（Mac OS中为按住"command"键并单击）以扩大选区，将更容易创建预期的选区。

经常同时使用"色相/饱和度"命令和"色彩范围"命令。习惯之后它们将是必不可少的便利功能。

创建选区后单击图层蒙版的缩略图，激活调整图层的Alpha通道。然后将选区反转并填充黑色，可将近处的枫叶和茅屋中重叠的部分通过填充选区分开（见图 03-04 ）。

这是充分使用通道和图层后的蒙版处理操作，虽然是很复杂的编辑，但只要明白操作方法就能够毫不费力地加以使用。

在门及建筑物周围创建选区并填充蒙版。使用画笔工具对中间左上部的常绿树木填充蒙版。

即使使用过于细密的蒙版进行遮蔽也有看不清楚的地方，因此边确认画面边通过画笔进行填充。这时使用如图 03-05 所示的粗画笔进行填充则可获得更加自然的效果，最终将获得如图 03-06 所示的蒙版。到此为止获得的结果如图 03-07 所示。

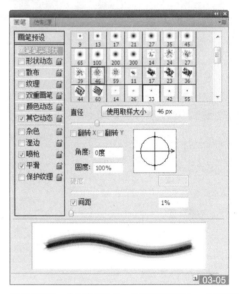

使用"画笔工具"进行填充，使其融于画面中。使用图形输入板可获得更高的画质，如果没有图形输入板也可使用鼠标。

因为并不是表面显示，所以即使是这样的蒙版也没有问题。然后通过添加模糊滤镜、杂色滤镜也可获得更加自然的蒙版。

与原图像相比，处理后获得了更加自然的图像。

4　调整红叶之外的颜色

在之前的步骤中基本完成了红叶部分的操作，但从现在的状态看并没有烘托出典型的秋天氛围。

因此，为了整体烘托出秋天的氛围，需对红叶之外的地方进行调整，如图 04-01 、图 04-02 和图 04-03 所示，在调整图层中通过"曲线"增加色韵。

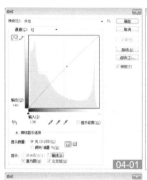

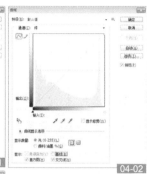

与步骤2相同，通过控制两个通道，调整微妙的色韵。

如果按照当前状态，那么改为红叶的部分中也将应用校正。因此，将步骤3中创建的"色相/饱和度1"调整图层的蒙版作为选区载入。将图层蒙版作为选区载入时，可按住"Ctrl"键并单击（Mac OS 中按住"command"键并单击）图层蒙版缩略图（见图 04-04 ）。

然后在保留选区的状态下激活"曲线2"调整图层的图层蒙版并填充黑色，即可创建将"色相/饱和度"调整图层的图层蒙版反转的图层蒙版。

最终结果如图 04-05 所示。从图中可看出图像整体发生了很大的变化。

通过将调整图层的图层蒙版填充为黑色，整体的图像将发生很大变化。

5　进行部分调整

虽然并没有出现局部不正常的现象，但有的地方如果再稍微调整一下效果将更好。例如，更改长有绿苔的局部颜色，如图 05-01 所示。将绿苔颜色更改为稍显干枯的颜色。与步骤3一样，通过"色相/饱和度"更改颜色并同样添加蒙版。

更改房顶上生长的绿苔（红色圆圈内的部分）的颜色。

"色相/饱和度"对话框中的参数设置如图 05-02 所示。另外，与以往的步骤相同，使用调整图层添加蒙版。

在使用"色彩范围"创建的蒙版中，通过选区和画笔工具创建选区（见图 05-03 ）。

通过"色彩范围"创建选区后，在"色相/饱和度"对话框中设置"色相"为"-32"、"饱和度"为"-54"。亮度采取与以往相同的处理，保持不变。

6　最后完善

这样即可完成一幅倍具红叶特征的照片，但如果整体再增加一些红色和黄色，色韵将更佳。最后完善时可使用曲线功能（见图 06-01 和图 06-02 ）。

最终完成的作品如图 06-03 所示。

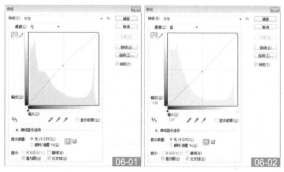

最后进行色彩调整时为了烘托出秋天的氛围，将曲线的红色通道（R）的中心部位稍微向上拖曳，将蓝色通道（B）向下拖曳。

即使在秋天，部分树叶及绿苔仍将保持深绿色，但为了烘托出秋天的氛围，稍微对颜色进行了调整。

原始图

The main function	*Design Point*	*Difficulty*	*Sample Data*
主要功能:	设计要点:	难易度:	样本数据地址:
变形 "镜头校正" 滤镜	时刻考虑最终图像以推进作业	★ ★ ☆ ☆ ☆ 2	/Casestudy06/

❖ 知识点

　　活用各种变形技巧,将小狗的脸部制作成滑稽的脸部。

　　本次编辑中最能烘托出效果的操作是最后一步"变换"变形。但是如果只使用"变换"变形并不能最终完成结果。为了烘托出效果,需要将小狗脸部左侧进一步向前突出,并使其左眼更加清晰可见。

　　因此首先使用"镜头校正"滤镜对躯干整体、脸部、脸部左侧分别进行数次处理,效果仍不理想时可使用"扭曲"滤镜。应用"扭曲"滤镜后,通过颜色加深等进行微调,最后执行"变换"命令。

　　类似这样,如果条件具备则可以非常轻松地进行变形,且能够很和谐、自然地完成创作。

❖ 知识点: **制作过程中的图层结构**

　　在编辑过程中并未通过调整图层等进行色彩调整等,因此图层结构非常简单。另外,因为最后执行"变换"命令,所以最后把所有的图层都整合到一个图层中。但是,若应用最后的变换变形后,将不能再次进行编辑,遇到这种情况时将中间过程图层事先存入文件夹内备用。

使用"变换"命令能够很自然地完成创作且效果非常明显。
边确认变形图像边凭直觉进行调整。
同时使用"镜头校正"滤镜可创作出效果更佳的图像。

在编辑过程中并未通过调整图层等方法进行色彩调整,因此图层结构非常简单。这里显示的图层是最终结束编辑时的上一步图层,将这些图层整合后应用最终的变形。

1 更改躯体的朝向使头部看起来更大

首先改变小狗躯体的朝向，使其头部看起来更大、躯体看起来更小。

在之后的编辑过程中还会对头部进行编辑，但不再对躯体进行编辑，因此以躯体轨迹为中心，选择"滤镜"＞"扭曲"＞"镜头校正"命令进行镜头校正（见图 01-01 和图 01-02）。

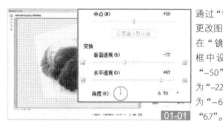

通过"镜头校正"滤镜更改图像的轨迹。
在"镜头校正"对话框中设置"中心"为"-50"、"垂直透视"为"-22"、"水平透视"为"-67"、"角度"为"6.7"。

因为已经实施了变形，所以位置发生了很大的偏移，适当将位置复原后将背景设为白色。

2 以脸部为中心使其向近处突起

下面使小狗脸部向近处突起，放大脸部进一步调整轨迹。编辑过程中，仅将脸部存入其他的图层中并再一次应用"镜头校正"滤镜（见图 02-01 和图 02-02）。

仅在小狗脸部创建选区，以50像素的大小对边缘实施模糊处理，对选中的部分执行"图层"＞"新建"＞"通过拷贝的图层"命令并进行存储。

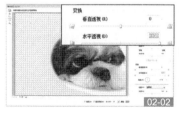

其次在复制的图层中应用"镜头校正"滤镜。在"镜头"校正对话框中只将"水平透视"设置为"+100"。此时小狗脸部将变得很大。

3 进一步放大左眼

通过只放大左眼，去除强行变形导致的不和谐感。

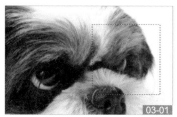

采用与刚才相同的处理，创建选区并复制图层。但是这次不需要对选区实施模糊处理。

通过"扭曲"滤镜放大眼部并调整平衡。只使用"扭曲"对话框中的"向前变形工具"。该工具可以产生如同使用手指进行绘画的效果，并可随意对图像进行变换。在对话框中无需更改设置值，放大眼睛后单击"确定"按钮完成编辑。

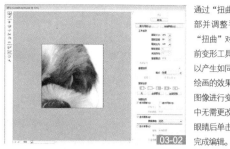

眼睛稍微偏大，将其缩小至85%，选择"图层"＞"图层蒙版"＞"显示全部"命令。
在该状态下在图像中填充黑色，填充的部分呈不显示状态，可完全融于其他部分中（为了便于理解，将图像背景做了薄化处理）。

当前状态下小狗的眼神很不自然，通过"减淡工具"、"加深工具"使其瞳孔焕发出生机。

4 变形为滑稽面孔

从外形来看已经很不错了，为进一步创作出拙笨可爱的脸部形象，采用与步骤2和步骤3中的方法，对鼻子和左眼再次应用"镜头校正"滤镜，修正脸部周围的杂点等（见图 04-01 和图 04-02）。

创建选区，模糊边缘并复制图层，应用"镜头校正"滤镜，采取与步骤3相同的方法，通过蒙版使其融于周围图像中。

红色圆圈内的阴影出现了断层，通过近似的灰色以轻薄的透明度涂描几次使其过渡自然。另外通过画笔工具在左眼中添加少许红晕。

5 大幅度使脸部变形，突出较大的脸部

通过变形工具可以很轻松、自然地实现大幅度变形，突出脸部特征，使其变形为滑稽、可爱的面庞。由于变形工具只能在一个图层中使用，因此将所需的图层全部显示后合并为一个图层。可选择"图层"＞"合并可见图层"命令合并图层（见图 05-01）。

选择"编辑"＞"变换"＞"变形"命令，使图像大幅变形，突出脸部。更改此处的加工后可创建各种各样的表情，用户可试用。

Case Study: 使用叠加创建的虚幻图像

The main function	*Design Point*	*Difficulty*	*Sample Data*
主要功能：	设计要点：	难易度：	样本数据地址：
叠加 "径向模糊"滤镜	时刻注意图像中光的浓度和明暗	★★☆☆☆ 2	/Casestudy07/

❖ 知识点：**创建虚幻性作品**

创建类似RPG游戏或CG电影中的1帧图画那样的现实中并不存在的光线，并加以突出，完成一幅虚幻性的作品。从技术上讲，高难的操作很少，但如果采用不同的作业步骤，则图像将会发生很大的变化。

该作业的要点是在视觉层面上实现原图照明和添加光环的匹配，在技术层面上实现光线的智能形状的创建。实现视觉层面的匹配时将逆光映射的景物选做原图较好。

实现光线智能处理时，创建多种形式直至满意是完成理想作品的关键。

创建智能图形并不困难，用户可以试用各种各样的形状。

❖ 知识点：**作业过程中的图层结构**

计划创建的图层很少，最终只有4个图层，这是因为如果不合并图层，则不能处理的功能较多。需要注意的是，在编辑过程中返回上一工序时，需要在合并前将图层进行备份。

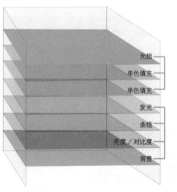

光组
单色填充
单色填充
发光
曲线
亮度／对比度
背景

虽然图层数量不多，但需要合并图层，因此在合并前将之前的图层进行备份。

另外，作为设计重点的光线智能，创建各种各样的形状并进行合成。

合成方法有很多种，用户需要找到适合自己的方法。

1 使用叠加调整背景图像

　　将背景图层拖曳到"图层"面板下部的"创建新图层"按钮上进行复制，然后将复制的图层的混合模式设为"叠加"。

　　通过叠加将相同的2幅图像进行重叠就可以突出高光部分，降低阴影部分，突出发光部分（见图 01-01 ）。

　　另外，复制一个背景图层，将其移动到图层混合模式设为"叠加"的图层上方，然后选择"滤镜">"风格化">"照亮边缘"命令（见图 01-02 和图 01-03 ）。

左侧为原图，右侧为复制相同的图像并通过图层混合模式中的"叠加"进行重叠后获得的图像。

选择"滤镜">"风格化">"照亮边缘"命令，在打开的对话框中将"边缘宽度"设为3，"边缘亮度"设为15，"平滑度"设为8。

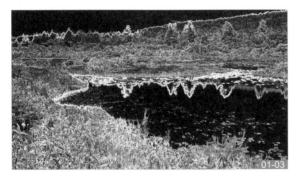

应用"照亮边缘"滤镜的效果图像。

2 应用模糊的光源处理

　　在应用了"照亮边缘"滤镜的图层中选择"滤镜">"模糊">"径向模糊"命令。在打开的对话框中进行设置，如图 02-01 所示，其效果图像如图 02-02 所示。

　　另外，将其图层混合模式设为"滤色"，通过调整图层的"曲线"命令创建S形曲线，将阴影部分和高光部分稍微向上拖曳调整图像（见图 02-03 、图 02-04 和图 02-05 ）。

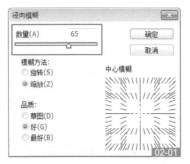

应用"径向模糊"滤镜。将"数量"设为"65"，"模糊方法"设为"缩放"，"品质"设为"好"。

应用"径向模糊"滤镜时不能通过画面确认模糊中心点，因此应用后要对生成的图像径向进行仔细的确认。

将图层混合模式设为"滤色"，图像将变得十分明亮，由于之后还可以再进行调整，因此可不必在意，继续作业。

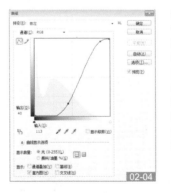

通过调整图层的"曲线"命令将阴影部分调得更暗，将高光部分调得更亮，实际编辑时也可随时调整曲线。

但是，务必创建出具有层次感的图像。通常将调暗阴影部分、调亮高光部分的曲线称为S曲线，应用S曲线可创作出高光和阴影部分平滑、整体具有层次感的作品。

确认阴影部分是否完全结束，高光部分的色阶是否平滑。

3 图层编组

下面暂且将"图层"面板中的图层集中到图层编组中。

首先，双击"图层"面板最下侧锁定的背景图层，解除锁定，然后按住"Ctrl"键的同时单击所有的图层，将选中的图层拖曳到"图层"面板下部的"创建新组"按钮上，这样便可以将其集中到编组文件夹中，并将组名重命名为"背景"（见图 03-01 ）。

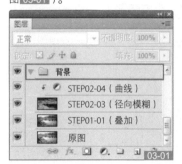

将所有的图层集中到编组文件夹中。

4 调整背景图像

将集中到文件夹中的编组按不同文件夹拖曳到"图层"面板下部的"创建新图层"按钮上，这样分别复制各图层组。通过在"图层"面板控制菜单中选择"合并组"命令，将复制的文件夹合并成1个图层。在该图层中应用"滤镜">"渲染">"镜头光晕"命令。

将光源放到置入光线的区域，设置"亮度"为90%，"镜头类型"为"50~300毫米变焦"。

应用"镜头光晕"滤镜。"镜头光晕"滤镜只能应用到1个图层中，因此必须合并图层。图层合并之后将不能再次进行修改，之后需要修改背景图层或需要修改逆光时，将背景图层集中到编组文件夹中进行复制，然后合并复制的文件夹，这样就可以应对之后的更改。

5 降低周边光量（选区）

完成的图像中光线强烈，但因为画面整体较亮，为了区分出强弱，可以减少周边的光量。

使用"椭圆选框工具"创建选区。将画面光线中心部分向外侧拖曳。通过"选择">"修改">"羽化"命令，以200像素的半径羽化边缘。进一步通过"选择">"反向"命令将选区反向处理（见图 05-01 、图 05-02 和图 05-03 ）。

降低周边光量的方法有很多种，刚才所讲的方法是经常使用的方法，务必掌握。另外，可在画面中使计划表现的部分更加突出。

通过椭圆选框工具，从光线的中心部分向外侧创建扩展性选区。

将选区边缘进行羽化处理。

将羽化处理的选区反向，画面的周边部分为选中的状态。

6 降低周边光量（曲线）

下面选择调整图层的"曲线"命令，将曲线的中心部分向下拖曳。这样在步骤5中创建的选区将按原样作为调整图层的"曲线"添加到"图层"面板中。

通过降低周边光量，调整图层阴影部分将变暗，高光部分将更加突出，从而使画面整体更加层次鲜明。

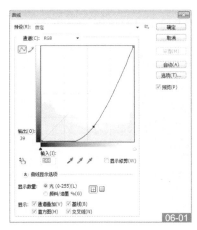

添加将阴影降低至极限的曲线。

对周边部分添加该曲线时，曲线倾斜度将变小，因此边提高饱和度边调暗周边部分。这样可使中心部分更加突出。

Photoshop
Design Lab

选择"涂抹工具"。

07-04 "涂抹工具"与工具箱中的"锐化工具"、"模糊工具"位于同一位置，需要加以注意。

在涂抹工具的属性栏中选择较细的画笔，将"强度"设为50%。

使用涂抹工具将通过画笔工具绘制的白色向四周扩展，不要平均扩展；而是区分强弱，使其随机变形。

降低周边的亮度，突出中心部分。

7　绘制光线（画笔工具、涂抹工具）

为了绘制发光的对象，创建新的图层。选择较粗画笔，使用画笔工具绘制白色圆形（见图 07-01 、图 07-02 和图 07-03 ）。

其次使用"涂抹工具"将绘制的圆形向四周扩展。此时所有的光线如果强度相同、长度相等，则很不自然，因此进行调整，区分强弱，使其尽可能随机发散（见图 07-04 、图 07-05 和图 07-06 ）。

07-01 画笔的设置根据图像的尺寸不同而发生变化，确认尺寸后以相同的画笔完成作业。

在画笔工具的属性栏中选择较粗的画笔，将"不透明度"设为100%。

8　绘制光线（图层样式）

下面使用图层样式使光线发光。单击"图层"面板下部的"添加图层样式"按钮，在弹出的菜单中选择"外发光"命令。在其对话框中将发光颜色设为浅黄色，将"混合模式"设为"叠加"。应用后在白色画笔绘制的图像外侧通过叠加模糊的黄色，使其看起来像是光线发光。

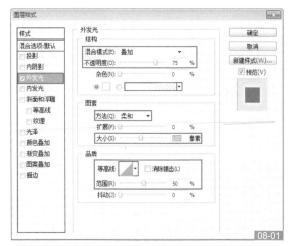

外发光时设置图层效果的"混合模式"为"叠加"，"不透明度"为75%，发光颜色为（R:254，G:253，B:213），"方法"为"柔和"，"大小"为100，"范围"为50%。

将绘图颜色设为白色，使用画笔工具绘制圆形光线。

应用"图层">"图层样式">"外发光"命令在白色图像外侧使用黄色，看起来像是光线发光。

9 绘制曲线（旋转扭曲、极坐标）

在步骤8中实现发光后，想绘制类似天使翅膀效果的作品，但在Photoshop中绘制具有动感、优美的曲线是一件非常困难的事情。用户可以使用路径进行绘制，但却是很烦琐的作业。下面通过组合使用滤镜创建随机性曲线。

首先新建文件，创建新图层。其次，使用画笔工具随意地画图（见图 09-01 ）。

然后，在该图层中应用"滤镜">"扭曲">"旋转扭曲"命令，可将随意绘制的图像旋转，从而得到优美的曲线（见图 09-02 和图 09-03 ）。

进一步应用"滤镜">"扭曲">"极坐标"命令，这样就可以获得具有动感的曲线，如图 09-04 和图 09-05 所示。

使用画笔工具等随意画图。为了保证应用"旋转扭曲"滤镜时能获得完美的旋转曲线，要在图像窗口的中间进行画图。

将"旋转扭曲"对话框中的"角度"设为999度进行应用。

如上图所示，获得了完美的旋转曲线。

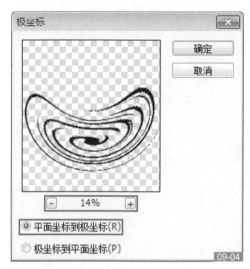

将极坐标设置为"平面坐标到极坐标"进行应用。

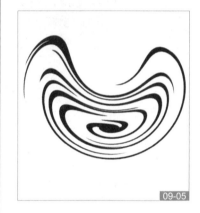

这是应用"极坐标"滤镜后的图像。旋转曲线发生了变形，获得了类似压扁效果的图像。

10 绘制曲线（绘制部分曲线）

以同样的方法绘制几种曲线，将这些曲线中满足要求的曲线部分进行组合，制作出具有动感的、优美的曲线图形。通过多边形套索工具选择计划使用的部分，在新创建的图层中通过复制和粘贴操作制作出想要的曲线（见图 10-01 ）。

通过多边形套索工具选择剪切部分曲线，通过组合制作出曲线图形。

11 绘制曲线

拖曳步骤10中制作的曲线图形到图中。可以立刻合并制作的翅膀图形，并通过自由变换完善形状。调整大小后进行白色填充。然后通过选择"图层">"图层样式">"外发光"命令使其发光。

调整大小后重叠在光线上。

将形状填充为白色。

应用"图层">"图层样式">"外发光"命令，在打开的对话框中将"混合模式"设为"叠加"，即可在白色外侧应用黄色。

应用图层样式后可以获得如同发光的效果。

12 完成

最后进行调整，使翅膀部分发光更强烈。复制翅膀图层，在复制的图层中应用"滤镜">"模糊">"高斯模糊"命令。另外，将该图层的"不透明度"设为70%，图层混合模式设为"叠加"（见图 12-01 ）。

然后，通过调整图层的"亮度/对比度"，将背景图像中的亮度稍微降低一些，即可完成作品（见图 12-02 ）。

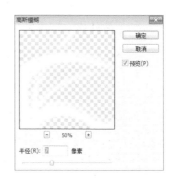

在复制的翅膀图层中应用"高斯模糊"滤镜。图中为"半径"设置为7像素时应用的效果，根据图像的大小调整模糊程度。另外，也可以试用其他模糊类滤镜。

复制后应用"高斯模糊"滤镜，将图层的"不透明度"设为70%，图层混合模式设为"叠加"，则可获得如同发光的效果。

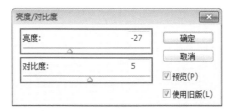

通过调整"亮度/对比度"降低整体亮度，调整为发光更加强烈的效果。

通过"亮度/对比度"命令进行最后的完善，计划更加细致地进行控制时或在图像中增加变化时可以通过"曲线"命令等进行调整。

Case Study: 使用图层合并的流动封面风格图像

The main function	*Design Point*	*Difficulty*	*Sample Data*
主要功能：	设计要点：	难易度：	样本数据地址：
图层样式 渐变工具	通过图层样式营造出立体感	★ ★ ☆ ☆ ☆ 2	/Casestudy08/

:• 知识点：制作流动封面风格的图像

在制作流动封面的过程中最重要的是如何营造出高光效果，因此下面以映射相关的内容为主进行讲解。

通常只在图像表面浓度较低的部分添加映射即可，但通过在边缘部分添加映射，能获得更佳的品质。

下面对向黑色首页中置入1张图片的方法进行说明，用户也可置入多张照片或更改基页。

:• 知识点：**作业过程中的图层结构**

制作过程中的目标是尽量减少图层数量。

流动封面边缘显现的高光是通过图层样式完成的。如果计划创作更高水平的作品，关闭边缘高光的设置，在其下部创建稍大的白色图层，通过显示白色边缘，控制大小及显示位置。

另外，可以通过另外的图层制作出图层效果中的斜面和浮雕。

体现流动封面风格光泽效果的要素主要由四边四角的高光、边缘的圆润度和映射等各种要素构成。

为了完美地完成制作，需要正确地再现各图层和图层样式。

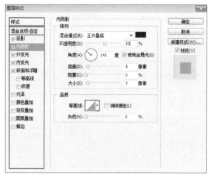

在下面的图像编辑过程中多次用到图层样式。

通过图层样式即可进行非破坏性编辑，并且可以预览结果，在1个图层中可定义多个图层样式。因此，在必须对多个图层分别进行处理时尤为重要。

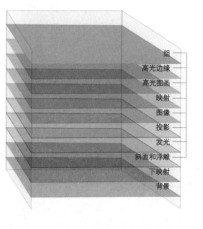

图层中包含2个背景图层，4个流动封面主体组。由于按照照片的不同进行分组，因此置入多张照片时图层结构也很方便管理。

1 　准备图像

制作中使用的素材为1 000像素×1000像素，为了保证足够的余白，创建一个"宽度"和"高度"分别为2 500像素×2 500像素，"颜色模式"为"RGB模式"，"背景内容"为"透明"的新文档，然后将计划制成流动封面的图像作为另外的图层载入（见图 01-01 ）。

可以根据需要更改背景图像的大小。

2 　将图像的边缘实施圆角处理

单击"添加图层蒙版"按钮，创建蒙版，将图层蒙版填充黑色后，使用圆角矩形工具将与蒙版图像接触的部分填充为白色（见图 02-01 ）。

将圆角矩形工具的属性栏中的"半径"设为38像素（见图 02-02 ）。

填充蒙版后将不能看到图像，但在蒙版中填充白色的部分可以看到（见图 02-03 ）。

此时将包含图像的图层重命名为"图像"。

选择"圆角矩形工具"。只计划创建矩形或正方形时使用"矩形工具"。

将圆角矩形工具的属性栏中的"半径"设为38像素。

素材大小不同时更改其"半径"的设置。

3 　创建倒映图像

为了在图像下部创建倒映图像，首先复制图像图层。在"复制图层"对话框内将复制的图层命名为"倒映"，然后单击"确定"按钮（见图 03-01 ）。

复制图层时选择"图层"＞"复制图层"命令。

其次，为了创建倒映图像，选择"编辑"＞"变换"＞"垂直翻转"命令，然后调整图像位置（见图 03-02 ）。

但是当前状态下还不是倒映图像，因此通过渐变工具填充蒙版，将近处的倒映调薄（见图 03-03 ）。在渐变工具的属性栏中将"模式"设为"正片叠底"（见图 03-04 ）。

要仔细确认细节部分，确认是否完美地完成了制作。例如，在渐变工具的属性栏中未将"模式"设为"正片叠底"时，图 03-05 中所示圆圈内的边缘有时会消失。

最后将"倒映"图层的"不透明度"设置为30%。

左图上面为"图像"图层中的图像，下面为"倒映"图层中的图像。

按住"Shift"键拖曳，创建垂直渐变。

在渐变工具的属性栏中将"模式"设为"正片叠底"。

确认圆圈内部的图像是否画质完好。

4 创建图像的边缘和高光

如果按照当前状态将背景填充为黑色，则不能看到边线，也不能创建排列多幅图像时的阴影。因此，使用图层效果，创建边缘、高光及图像的阴影。

选中"图像"图层，在"图层"面板控制菜单中选择"混合选项"命令。

图层样式的设置如图 04-01 、图 04-02 和图 04-03 所示。

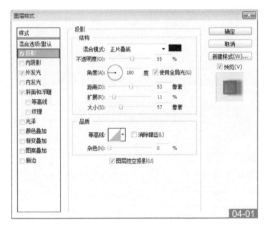

"投影"选项的设置为"混合模式：正片叠底""不透明度：55%""角度：142 度""距离：53 像素""扩展：11%""大小：57 像素"。

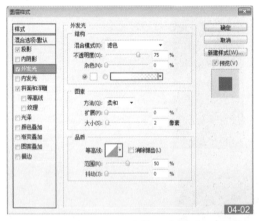

"外发光"选项的设置为"混合模式：滤色"、"不透明度：75%"、"颜色：白色"、"方法：柔和"、"大小：2像素"、"范围：50%"。

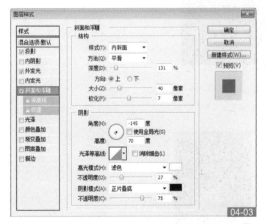

"斜面和浮雕"选项的设置为"样式：内斜面"、"深度：131%"、"方向：上"、"大小：40像素"、"软化：7像素"、"角度：−145度"、取消选中"使用全局光"复选框、"高度：70度"、"高光模式不透明度：27%"、"阴影模式不透明度：75%"。

5 创建光泽

为了增加图像表面的光泽感，首先创建新图层并将其重命名为"高光面"。然后在图像中心部位创建选区（见图 05-01 ）。

该图中创建的图层将变为较大的倒映面，影响到整体的氛围。考虑与"倒映"图层之间的均衡，创建选区。

确认是否选中了"高光面"图层，通过渐变工具填充"黑、白渐变"。

通过将渐变工具的属性栏中的"模式"设为"滤色"进行两次填充，创建如图 05-02 所示的效果的图像。通过将其属性栏中的"模式"设为"滤色"进行填充时，与填充前的图像进行比较，只填充明亮部分，并不对最初填充的部分产生影响。

将渐变角度设置为0°~45°。计划准确确定渐变角度时，通过"信息"面板边观察渐变角度边填充渐变。

当前状态下边缘比较突出，因此取消选区，选择"滤镜"＞"模糊"＞"高斯模糊"命令，在其对话框中将"半径"设为12像素进行模糊处理。然后将该图层的混合模式设为"滤色"，"不透明度"设为40%（见图 05-03 ）。

添加"高斯模糊"滤镜时，添加小于"高光面"图层和图像大小差额的模糊。图像中将"不透明度"设为40%，也可根据不同情况将其更改为20%~60%，从而更换不同的氛围。

6 在四边创建高光

同样也在图像的四边创建高光。首先创建新图层并将其命名为"高光边缘"。其次选择"多边形工具",将其属性栏中的"边"设为3(见图 06-01)。

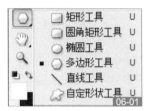

在工具箱中选择"多边形工具"。

将绘图色设为白色,创建适当大小的三角形(见图 06-02)。通过"编辑">"自由变换"命令将创建的三角形置入图像左上的边缘和高光中,并使形状相配。完成如图 06-03 所示的置入后,选择"滤镜">"模糊">"高斯模糊"命令,以5像素进行模糊处理。

将多边形工具属性栏中的"边"设为3。

将绘图颜色设为白色,在当前的设定状态下使用多边形工具,可轻松地创建三角形对象。
将白色三角形置于图像中,使其边缘稍微超出图像。

然后复制3个"高光边缘"图层,使用自由变换命令将其置于剩余的3个边缘处并合并图层。确认位置后,将其图层混合模式设置为"滤色"并将"不透明度"设置为40%。

另外,为了避免高光超出图像外,添加与"图像"图层相同的图层蒙版。

7 制作背景

首先,将"图层1"图层名称重命名为"背景",并进行黑色填充。

为了在近处创建高光并营造出立体感,使用渐变工具进行编辑。在其属性栏中将"模式"设为"滤色","不透明度"设为50%,然后用渐变工具填充"背景"图层的1/3左右(见图 07-01)。

最后将"背景"图层之外的图层移动到近处。

渐变工具的属性栏中的设置为"模式:滤色"、"不透明度:50%"。

8 较亮图像时

图像较明亮时边缘部分的完成效果将不同于当前效果,因此稍微更改"图像"图层中的图层样式。单击"添加图层样式"按钮,在弹出的菜单中选择"内阴影"命令,从而在边缘内侧增加阴影,营造出立体感(见图 08-01)。

"内阴影"选项的设置为"混合模式:正片叠底"、"不透明度:53%"、"角度:142度"、"距离:21像素"、"大小:100像素"。

9 背景较白时

将背景设为白色时基本编辑方法相同,但如果不更改设置,则图层样式中的"投影"看起来很不自然。

如图 09-01 所示的图像中右侧出现了不自然的阴影。另外,也不需要图层样式中的"外发光"。

白色背景时只需更改设置即可完成制作。

背景较亮时,将不需要的"投影"隐藏,通过另外的图层创建阴影(见图 09-02)。

白色背景时通过创建阴影可获得更加自然的作品。

Case Study: 使用曲线和图层的印象派图像

原图

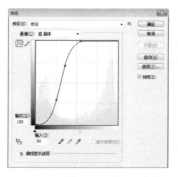

❖ 知识点： 创建整体和谐的图像

为了衬托出照片的完美，使用高光强调（柔焦），添加插图。

通过高光强调突出人物和背景，增加天空的亮度并进行颜色调整，从而营造出海边日出景象。另外，插图不仅可以起到装饰照片的作用，还可以利用延伸到海岸边的远近感在照片中创建动感。

高光强调不仅可以营造出柔焦效果，还是强调阴影及营造出人物立体感必需的重要方法，用户需要仔细地确认各步骤。

高光强调的实现方法是创建选区，在该选区内应用"曲线"命令。

曲线和选区是Photoshop中经常用到的工具，用户务必掌握。

1 调整色调（整体和部分）

　　该图像中模特脸部过暗，整体偏蓝，为了完成目标作品，需要通过"曲线"命令对其进行调整。

　　首先，调整整体的色彩后，依次调整手腕、脸部和衣服。在所有的调整图层中应用"曲线"命令，最后合并图层。

在"图层"面板中单击"创建新的填充或调整图层"按钮，在弹出的菜单中选择"曲线"命令，创建曲线的调整图层。

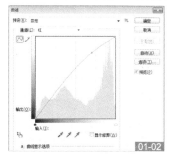

为了实现红黄色，向上拖曳红色通道（R），向下拖曳蓝色通道（B）。

其次，通过多边形套索工具选择手腕和脸部，通过"选择">"修改">"羽化"命令，将"羽化半径"设置为10像素，然后执行该命令。

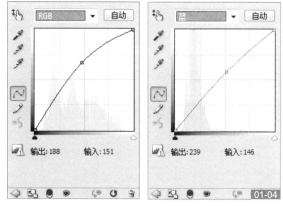

选择"曲线"命令对色调进行调整，以曝光较多的手腕为中心调整整体色彩。

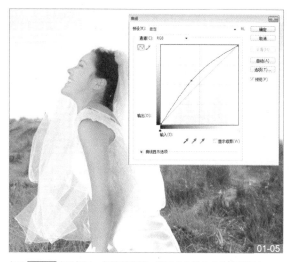

与图 01-01 步骤相同，仅选择脸部，通过"曲线"命令将其调亮。

礼服的蓝色过于强烈，使用同样的方法调整颜色。

之前的操作中图层构成如上图所示，复制并保留原图图层，合并原图之外的所有图层。合并图层时，选中要合并的图层后，选择"图层">"合并图层"命令。之后的作业中将把这个调整颜色后的图像用做加工的原图。

2 调整色调（整体和部分）

为了增加图像的层次感，应用高光强调。

首先复制红色通道（R），通过曲线将复制的通道加工成蒙版用图像。将计划设为高光的部分编辑为白色。其次，为了复制原图的高光部分，从Alpha通道转换为选区。通过选区复制原图后，设置其图层混合模式，并应用"高斯模糊"滤镜。

如果出现不需要的亮部，通过图层蒙版添加蒙版。

将红色通道（R）拖曳到"创建新通道"按钮上，复制通道并存为Alpha通道。

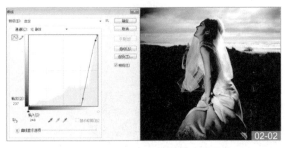

选择"图像">"调整">"曲线"命令，添加极端的曲线。

为了将Alpha通道作为选区载入，按住"Ctrl"键的同时单击通道的缩略图标。

为了通过完成的选区创建新图层，单击RGB通道图标后，选择"图层">"新建">"通过拷贝的图层"命令。

创建出新的图层，将图层混合模式设为"滤色"，并应用"高斯模糊"滤镜。为了使背景天空中的光线呈放射状照射，复制已完成颜色调整的原图并将其移动到最上面。然后先应用"照亮边缘"滤镜，再应用"径向模糊"滤镜。

当前状态下天空过于明亮，添加图层蒙版后使用渐变工具在部分区域添加蒙版。

首先单击添加图层蒙版按钮。

然后通过渐变工具应用渐变，使天空上部如同添加了黑色蒙版。

由于用于高光而创建的图层过于强烈、过于明亮，因此通过"图层面板"的"不透明度"滑块将"不透明度"调为70%。

3 在人物中营造出金属质感

当前状态下人物与背景相比较仍然过于暗淡，调整时并不仅仅调亮颜色，还要营造出金属质感加以烘托。基本方法与步骤2相同，创建高光，仅在人体各组成部分的中心区域创建高光。然后将创建高光的图层设为黑白图像，从而突出金属质感。但是需要将高光图层隐藏，选中完成颜色调整的原图后开始处理。

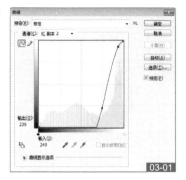

与步骤2相同，将红色通道（R）拖曳到"创建新通道"按钮上，复制通道后应用"曲线"命令，把选中的人物存入复制的通道中。

为了将Alpha通道作为选区载入，按住"Ctrl"键的同时单击通道缩略图标。

选择"滤镜">"模糊">"高斯模糊"命令，将半径设为3像素，模糊处理过于明亮的图层。

选择"图层">"新建">"通过拷贝的图层"命令，复制图层并将图层混合模式设为"滤色"。添加图层蒙版后，首先填充黑色，仅在需要的部位填充白色。

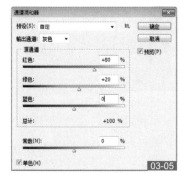

为了突出金属质感，选择"图像">"调整">"通道混合器"命令，选中"单色"复选框，将源通道设为"红色（R）:80%"绿色（G）:20%"；然后将图层的"不透明度"设为90%。

4　在背景中添加高光

为了衬托出背景中的草丛，创建高光。创建高光的操作方法基本相同，但没有必要对高光实施模糊处理，因此不执行"高斯模糊"命令。

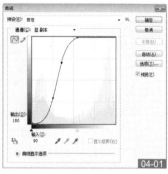

选中已完成颜色调整的原图，隐藏其他图层后开始处理。

为了便于选择背景，复制蓝色通道（B）之后应用"曲线"命令。应用如左图所示的曲线，以保证突出草丛中的高光。

这是上一步骤中创建的Alpha通道图像。增加如图所示的小面积的高光时，可获得更加耀眼的图像。

与之前操作相同，通过Alpha通道创建选区并复制图层，然后添加图层蒙版。在图层蒙版中使用黑色的画笔填充不需要的部分。

通过以上操作，图像的氛围大有改观。另外，保留所有的图层以备不时之需。

5　　在天空中添加高光

为了营造出天空与地平线交界处更加耀眼的氛围，同样采用高光使其更加耀眼。与之前的操作相同，将完成色彩调整后的原图选中后隐藏其他图层，然后开始处理。

复制蓝色通道（B）后应用"曲线"命令，创建选区，复制图层。然后应用"径向模糊"滤镜后在不需要的部分添加蒙版。如果地平线附近的高光仍显不足，则复制图层进行强调。

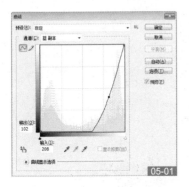

复制蓝色通道（B）并调整曲线，使人物填充为黑色。

05-01

与之前的操作相同，通过Alpha通道创建选区，复制图层并添加图层蒙版。然后选择"滤镜">"模糊">"径向模糊"命令，设置为"数量：40"、"模糊方法：缩放"、"品质：好"，拖曳"中心模糊"，将其移动到中心偏上的位置。

05-02

将图层混合模式设为"滤色"，然后添加图层蒙版，在不需要的部分添加蒙版，在中心保留天空背景。天空的上部保留50%左右，地平线附近不添加蒙版。

05-03

6　　在云层和背景中增加阴影，营造出立体感

为了进一步调暗云层的阴影部分，采用与创建高光相同的方法创建阴影。与创建高光时不同的是，曲线变为向右下弯曲的曲线，将图层混合模式设为"正片叠底"。另外，为了增加草丛背景的阴影，创建图层混合模式为"正片叠底"的图层，使用黑色的画笔直接在其中进行绘制。

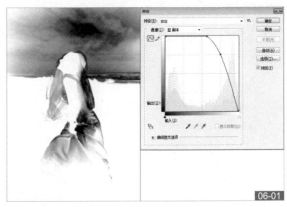

06-01

复制蓝色通道（B）后应用"曲线"命令。调整曲线使云层变白，然后通过Alpha通道创建选区，复制图层，然后将图层混合模式设为"正片叠底"。

修改前　　　　　　修改后

06-02

为了使背景中的草丛根部更加暗淡，创建新的图层，将其图层混合模式设为"正片叠底"，然后通过画笔工具在阴影部分填充黑色。将画笔的不透明度设置为10%～20%。通过比较可知，右图比左图更加紧凑。

7　　礼服调整

图像的基本部分都已完成调整，但礼服的下垂部分中有几处表现得不够完美。因为礼服的缝制痕迹明显，所以下垂部分未连接或褶皱显得不自然，以这些为中心使用画笔工具进行修正。

同时使用修补工具及修复画笔工具可以更完美地完成修正，但由于这些素材属于没有纹理的素材，因此使用画笔工具就能获得完美的作品。将画面放大至300%左右进行修正，然后显示整体画面进行确认。

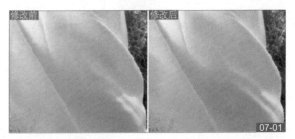

修改前　　　　　　修改后

07-01

创建新的图层后通过画笔工具连接各阴影。按住"Alt"键的同时在图像中单击拾取原图颜色，然后通过画笔逐一修正。阴影部分修正完毕后，为了增加立体感，创建高光。

8 插图处理

最后在照片中插入用做装饰的插图。

在草丛的高光部分及天空条状云层处的亮部插入细密的白色画笔。其次，在"画笔"面板中进行设置，逐步绘制图形，也同样使用Photoshop中预设的画笔绘制插图。根据个人习惯的不同，使用画图板效果也许更好，但下面示例以通过鼠标进行操作作为例进行说明。

单击"切换画笔面板"按钮，打开"画笔"面板，然后在其中进行设置。

切换画笔面板 08-01

创建新的图层后将画笔大小调整为5像素~40像素，通过画笔对亮部及计划进一步调亮的部分进行绘制。将画笔的绘图色设为白色。

08-04

选择"画笔"面板中的"画笔笔尖形状"选项，在右侧选择星形70像素。

08-02

08-03

在"形状动态"选项卡中设置"大小抖动：70%"，同样在"散布"选项卡中设置"散布：900%"、"数量：1或2"。

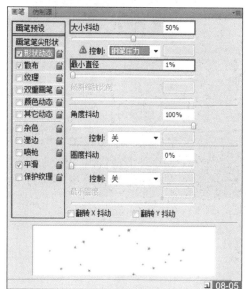

08-05

同样打开"画笔"面板，在其控制菜单中选择"特殊效果画笔"命令，添加画笔。其次选择"画笔笔尖形状"选项，在其选项卡中选择"缤纷蝴蝶"。然后同样在"形状动态"选项卡中设置"大小抖动：50%"、"最小直径：1%"，在"散布"选项卡中设置"散布：450%~470%"、"数量：1"、"数量抖动：80%~90%"。

创建新的图层后，与star 70 pixels画笔一样，使用画笔逐步绘制图形。将大小调整为4~50像素、7~10个阶段并同时进行绘制。将画笔的绘图色设为白色。

完成后将图层的"不透明度"设为50%，即可完成创作。

08-06

10

Case Study: | 使用渐变和滤镜合成蔚蓝的天空

The main function	*Design Point*	*Difficulty*	*Sample Data*
主要功能:	设计要点:	难易度:	样本数据地址:
渐变工具	通过渐变和滤镜制作自然的天空	★★★☆☆ 3	/Casestudy10/
"云彩"滤镜			

❖ 知识点: 保持与其他加工的平衡

在Photoshop制作过程中,制作蔚蓝的天空较为简便,用户可以轻松地完成制作。但是,在蔚蓝的天空中制作渐变及随意的云层、剪切背景、调整色调和制作太阳等,虽然并不复杂,但需要图像处理时所要求的基本技巧和灵感。

因此,下面的讲解并不仅限于"本次处理",而是考虑所有工序中与其他加工之间的平衡,这一点非常重要。

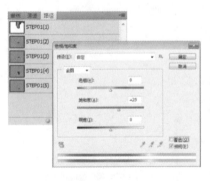

这次使用的只是Photoshop的基本功能,不会使用户产生Photoshop难以使用的感觉。因为并未使用高难的技巧,所以用户只要能够操作Photoshop,就可以按照说明制作图像。

❖ 知识点: 操作过程中的图层结构

最终为并未编组的10个图层。这些图层对于制作蔚蓝的天空来说数量很多,但是由于并未使用高难的图层效果及混合模式,因此相当容易理解它们的结构。

如果编组处理则可分为3组,即原图及其调整图层共计3层,太阳光源图层共计3层,蔚蓝天空背景和云层、调整图层共计4层。

图层结构本身并未编组,因此非常简单,结构很容易把握。

1 剪切背景

　　剪切被厚厚云层包裹的天空。因为主题是建筑物，轮廓基本上呈直线状态。因为有点逆光，轮廓的边缘也清晰可见。这种情况下也可以通过多边形套索工具及磁性套索工具创建选区，但是在下面的操作中我们使用钢笔工具绘制轮廓的路径，然后通过路径创建选区。

原图及边缘部分的放大图像。建筑物和天空之间边缘清晰可见。

在工具箱中选择"钢笔工具"，并在其属性栏中单击"路径"按钮。

如上图所示，可通过路径描出建筑物的轮廓。

将重叠的路径全部放到别的路径中进行创建。通过路径创建选区时必须要注意的是，重叠路径将全部变为合并选区。在"路径"面板中将路径之间相互重叠的部分重新添加新建的路径，分别进行创建。

2 创建选区

　　通过路径描绘出所有建筑物的轮廓，依据该路径创建选区。在"路径"面板中选中"路径1"的状态下，在其控制菜单中选择"建立选区"命令，即可创建出"路径1"的选区（见图 02-01 和图 02-02）

在"路径"面板控制菜单中选择"建立选区"命令。

单击"路径"面板下方的"创建新路径"按钮，在"路径"面板中创建了"路径1"。

创建了"路径1"的选区。

3　创建图层蒙版

依据创建的选区创建图层蒙版。此时，如果图像显示为"背景"并处于锁定状态，则不能添加。

在步骤2中已将剪切背景的路径分为5个路径予以保存，因此从第2条路径开始在图层蒙版中填充黑色并添加蒙版。

因为已经存在选区，单击"添加图层蒙版"按钮添加图层蒙版。

这是添加图层蒙版后的图像。原本为选区的部分添加了蒙版，呈透明状态。下一步仔细确认需要在哪里添加蒙版。

采用与步骤2相同的方法，将未添加蒙版的部分作为选区载入。在载入的选区中填充黑色，然后在图像中添加蒙版并将其剪切下来。

选择"编辑">"填充"命令，在对话框中设置"使用：黑色"、"不透明度：100%"，然后进行填充。

剪切了天空。除刚才使用的方法之外，也可以使用多边形套索工具等创建选区，然后通过选区创建蒙版。

4　整体颜色校正

调整图像的颜色。因为图像整体偏暗，所以将整体调亮。并且计划在背景中绘制蔚蓝的天空，所以将其调整为稍微偏蓝的图像。然后通过调整图层的"曲线"和"色相/饱和度"进行调整，以保证之后可进行色彩的编辑。

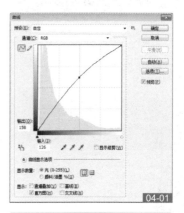

选择"图像">"调整">"曲线"命令，将全图通道（RGB）的中间部分（中间色）向上拖曳，将整体调亮。然后将蓝色通道（B）的中间部分向上拖曳，调整为自然的色彩。

选择"图像">"调整">"色相/饱和度"命令，在对话框中将"饱和度"设置为+25，调整饱和度。

完成调整的图像。可以发现调整前和调整后的图像颜色有很大的差异。

5　绘制天空

在楼房的背景中绘制天空。首先，在"图层"面板中楼房图层下方新建图层。然后使用渐变工具将天空上部改为深蓝色，将下部改为颜色稍显不同的浅蓝，选择绘图颜色和背景颜色（见图 05-01 和图 05-02 ）。

其次使用渐变工具，通过单击渐变下拉面板右侧的三角形按钮，在弹出的下拉菜单中选择"新建渐变"命令（见图 05-03 ）。

最后，从画面上方拖曳到下方，在背景中应用渐变（见图 05-04 ）。

在楼房图层下方创建新图层，将图层名称更改为"天空"。

设置绘图色和背景色。将绘图色设为深蓝，背景色设为浅蓝。

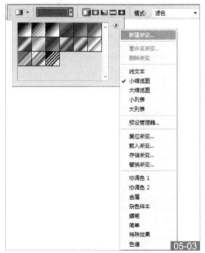

选择工具箱中的"渐变工具"，然后在"渐变"下拉面板中单击右侧的三角形按钮，在弹出的下拉菜单中选择"新建渐变"命令，即可添加通过绘图色和背景色定义的渐变。

按住"Shift"键从画面上部拖曳到下部，可以在90°内绘制渐变。

6　绘制云层

在天空下部的远方绘制云层。首先，在天空图层上部新建图层，绘图色保持原状，将背景色设为白色。选中图层，然后选择"滤镜">"渲染">"云彩"命令，即可创建出蓝色和白色云层。

但是，在当前状态下图像很不自然，选择"编辑">"自由变换"命令，使其沿纵向收缩、变形。

在"天空"图层上方创建新图层并将其命名为"白云"。

将绘图色保持原状，背景色改为白色。

选中"白云"图层，然后选择"滤镜">"渲染">"云彩"命令。

选择"编辑">"自由变换"命令，沿纵向压缩"白云"图层。图中垂直缩放比例设置为25%左右。

7 对云层进行处理

选中"白云"图层，然后选择"滤镜">"模糊">"动感模糊"命令。在其对话框中将"角度"设置为0°（见图 07-01），即沿水平方向进行模糊处理。然后添加图层蒙版，通过渐变在图像上侧绘制溶于透明色的蒙版，这样就可以很自然地溶于背景天空中（见图 07-02 和图 07-03）。

选中"白云"图层，然后选择"滤镜">"模糊">"动感模糊"命令，在打开的对话框中将"角度"设置为0°，即沿水平方向应用模糊处理。

另外，在"白云"图层中添加图层蒙版，在其上侧绘制渐变并使其溶于其中。

白云和背景天空完全融为一体。

8 绘制太阳

天空和白云完全融为了一体，但照片看起来仍不自然，其原因是没有光源。下面绘制太阳。首先，在天空和白云图层上创建新图层并命名为"光1"。选中"光1"图层，在工具箱中选择"画笔工具"，设置较大的画笔，将绘图色改为白色，并在楼房后侧进行填充（见图 08-01 和图 08-02）。

其次，将该图层拖曳到"图层"面板的"创建新图层"按钮上两次，复制2个图层（见图 08-03）。

选择工具箱中的"画笔工具"，并在其属性栏中设置为较粗的画笔。

以较粗的画笔填充白色。

复制2个图层，将复制的图层分别命名为"光2"和"光3"。

9 对太阳进行处理

在"光1"、"光2"和"光3"图层中分别应用调整。

首先，在最下面的"光3"图层中应用"高斯模糊"滤镜，大面积实施模糊处理（见图 09-01 和图 09-02）。

其次，在"光2"图层中通过涂抹工具延展光线进行调整（见图 09-03 和图 09-04）。

在最上层的"光1"图层中通过"高斯模糊"滤镜稍微实施模糊处理并进行调整。

选中"光1"图层然后选择"滤镜">"模糊">"高斯模糊"命令，在其对话框中将"半径"设置为55像素。

在"光3"图层中应用"高斯模糊"滤镜，进一步应用自由变换工具进行放大，这样可以看见光源呈多重显示。

09-02

使用涂抹工具伸展"光2"图层中的光源。为了营造自然质感，多次重复操作，创建出最佳状态。

09-03

通过涂抹工具，将"光2"图层的光线从中心方向向四周延展。长短越不均一，光线越显得自然。

09-04

通过"高斯模糊"滤镜稍微对"光1"图层的光线进行模糊处理并进行调整。

然后叠加"光1"、"光2"和"光3"图层，微调之后即可完成太阳的制作。

在该图中设置时间为中午，如果是早上及傍晚，则包含背景在内的各颜色深浅都将发生变化，用户可以自己试着制作一下。

09-05

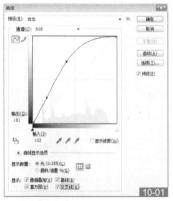

在"曲线"对话框中将全图通道（RGB）稍微向上拖曳，整体调亮天空。

在该阶段内如果出现红色重叠等情况，同时在各通道中进行微调。

10-01

楼房边缘剪切痕迹较大时，通过画笔工具在图层蒙版内绘制黑色，使其溶于蓝天。

复制"白云"图层，降低不透明度并向上移动，稍微增加白云数量。

10-03

最后对整体的颜色深浅等进行调整，即可完成制作。

10-04

10 最终调整

各部分都已准备齐全，但仍然会出现不自然的地方，因此进行最后的微调。首先，天空的颜色仍显过浓，再稍微调亮一些使其溶于整体之中（见图 10-01）。

其次，因为剪切楼房轮廓时仍残留有白色部分，所以使用画笔工具在图层蒙版中绘制黑色，使其溶于整体（见图 10-02）。

最后，复制"白云"图层，降低不透明度并向上移动，稍微增加白云数量（见图 10-03 和图 10-04）。这样即可完成制作。

11

Case Study: 使用球面滤镜的标签合成

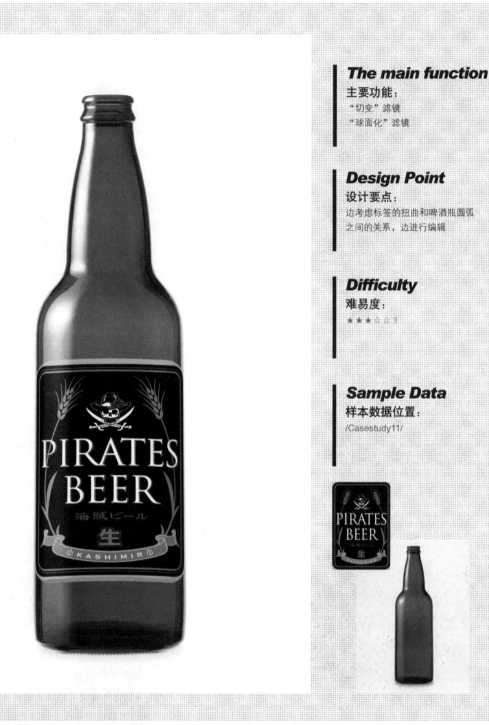

The main function
主要功能：
"切变"滤镜
"球面化"滤镜

Design Point
设计要点：
边考虑标签的扭曲和啤酒瓶圆弧
之间的关系，边进行编辑

Difficulty
难易度：
★★★☆☆3

Sample Data
样本数据位置：
/Casestudy11/

❖ **知识点：理解图像数据和摄影数据合成的基本内容**

在啤酒瓶上合成标签的技巧看似简单，但其中包含了瓶
体的圆度、摄影位置、标签的变形、阴影的调整以及远近感
的营造等在圆形商品上粘贴平面图像的基本知识。

在本次编辑中包含了许多合成要素，如果不考虑编辑步
骤而贸然进行编辑，编辑得越多就越不自然，要想得到好的
效果，需要花费很多的心血。

这次除了对基本的步骤进行介绍外，还将对制作更加自
然效果的技巧进行介绍。

在粘贴标签时使用"球
面化"及"切变"等滤
镜。原本应在创建素材
时进行调整，但也特意在
Photoshop中进行调整。
客户提供素材时并不一
定总是提供Illustrator等
PostScript文件，有时也有
反射原稿及图像数据，切
实掌握本次编辑要点将
大有益处。

1 准备标签

本次将Illustrator输出的8位（256色调）图像用做标签数据（见图 01-01 ）。

首先，创建标签选区，应用球面滤镜。除此之外的变形都将根据瓶体的尺寸进行编辑，因此该处不做太多变形（见图 01-02 、图 01-03 和图 01-04 ）。

01-01

如上图所示，去除标签周围的余白，复制图层，并将图层命名为"使用标签部分"。

01-02

01-03

在这次操作中创建选区并应用"球面化"滤镜。这是因为使用"球面化"滤镜可以防止图像向两侧延伸，所以务必执行该命令。
选择"选择">"全部"命令。

选择"滤镜">"扭曲">"球面化"命令。通过设置该滤镜，除对上、下、左、右添加滤镜之外，还可仅对水平方向和仅对垂直方向添加滤镜。

01-04

本次的设置为"数量：30%"、"模式：水平优先"。图像中设置值将发生变化，由于之后还将添加一次滤镜，因此这里将"数量"设置为较小的数值。

2 创建标签用蒙版

在这里创建随后将添加选区的蒙版，因此通过渐变工具创建由白到黑的渐变。

使用渐变工具之前将绘图色和背景色设置为默认颜色。

02-01

首先创建新图层，并将图层命名为"蒙版"。

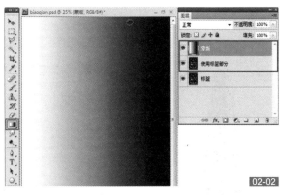

02-02

通过渐变工具创建由黑到白的渐变后，隐藏"标签"图层，选中"使用标签部分"图层和"蒙版"图层。为了选中多个图层，可以在"图层"面板上按住"Ctrl"键的同时分别单击各个图层（Mac OS中按住"command"键的同时单击）。

3 准备啤酒瓶

根据拍摄状态的不同，啤酒瓶有时并未置入图片中间位置，或是倾斜放置，因此请使用定位辅助线进行仔细的确认。

确认啤酒瓶是否在中间时，选中画面整体后，选择"选择">"变换选区"命令，按住"Alt"键的同时进行拖曳（Mac OS中按住"option"键的同时进行拖曳）使选区变形，可确认其是否位于中间位置（见图 03-01 ）。

03-01

将图层命名为"啤酒"。该图像是从下往上拍摄的，因此保持原状即可使用。但是，如果没有将啤酒瓶置入图像中间位置，则需要进行调整。另外，在该图层的图像中确认是否有杂点及不需要的物品。

Photoshop
Design Lab

4 创建高光蒙版

为了增加标签的阴影而创建蒙版。

首先，复制"蓝"通道，该通道最能反射瓶体的高光。"绿"通道是最为接近自然的黑白图像，创建高光及阴影蒙版时，需要仔细地查看通道并进行确认。编辑复制的通道时务必执行"曲线"命令。

复制通道时，将源通道拖曳到"新建蒙版"按钮上，在这里复制阴影和高光差异明显的蓝色通道（B）。然后通过执行"曲线"命令突出高光部分，将通道重命名为"高光"。

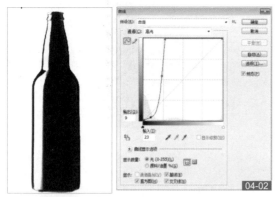

对于复制的图层，选择"图像" > "调整" > "曲线"命令，使用曲线分离出高光和阴影部分。如上图所示，向上拖曳曲线，仅使瓶体的高光部分变白。

5 使用图层准备粘贴标签

将"使用标签部分"和"蒙版"图层移动到啤酒瓶图像中，并将图像变形。此时务必同时将"蒙版"图层变形。"蒙版"图层用于之后创建标签的高光及阴影。

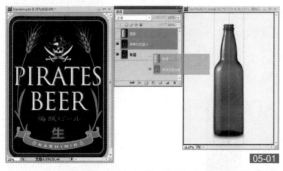

在标签的"蒙版"图层内将标签的图像进行变形处理，然后按住"Shift"键将该图层拖曳到啤酒瓶图像中。

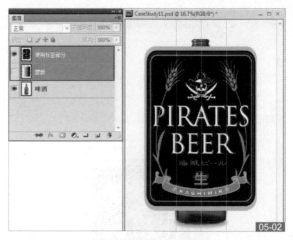

拖曳后将图层如上图所示置入图像中。用户根据编辑内容的不同，可以自由地切换"蒙版"图层的显示/隐藏。

6 使用"切变"滤镜创建扭曲

这个瓶子呈从下往上看的状态，此时标签的中间部分也必须呈鼓起状态。为了实现这个效果，可使用"变换"等变形命令。另外，滤镜中也有几种使用方便的工具，这次我们使用操作简单的"切变"滤镜（见图 06-01 和图 06-02 ）。"变形"命令使用于更加复杂的变形，请根据不同形状加以区分使用。

"切变"滤镜不适用于纵向变形，编辑前应将画布顺时针旋转90°。应用滤镜后，逆时针旋转90°使其复原。

另外，在之后的操作中如果大小不匹配，需要返回该处进行编辑，因此务必将图层重新命名并保存（见图 06-03 ）。

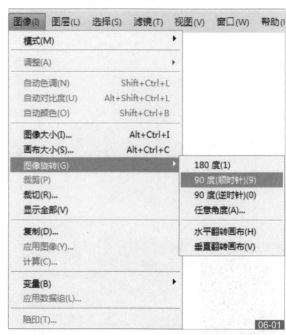

选择"图像" > "图像旋转" > "90度（顺时针）"命令，将画布本身旋转90°。

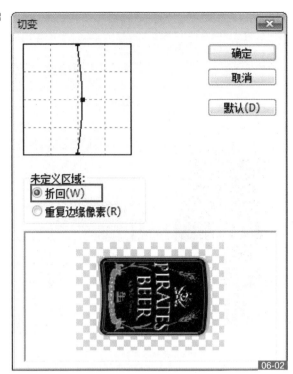

切变

未定义区域:
◉ 折回(W)
○ 重复边缘像素(R)

确定
取消
默认(D)

06-02

选中"使用标签部分"图层,选择"滤镜">"扭曲">"切变"命令,将其适当变形。由于只有在完成变形之后才能知道该变形是否切实达到了要求,因此先将其稍微大幅变形,调整时再将其变小。然后选中"蒙版"图层,同样应用"切变"滤镜。反复使用相同滤镜时可按"Ctrl+F"组合键加以实现。

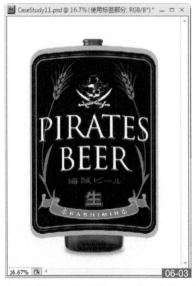

CaseStudy11.psd @ 16.7%(使用标签部分; RGB/8")*

16.67%   06-03

此时顺利地实现了标签的弯曲。另外,"蒙版"图层也同样实现了变形,二者形状相同。

7   标签的变形(调整大小)

下面将同时处理"使用标签部分"图层和"蒙版"图层,因此同时选中两个图层后开始编辑作业。

在这里也可以使用将标签完全匹配到啤酒瓶上的方法,但有时在完成编辑后很难判断其形状(见图 07-01 和图 07-02)。

07-01

确认已同时选中"使用标签部分"图层和"蒙版"图层后,选择"编辑">"自由变换"命令。

Y: 1475.5 px   W: 95.0%   H: 100.0%   ∠ 0.0   度   07-02

执行"自由变换"命令后,在其属性栏中单击"保持长宽比"按钮。如果单击该按钮,则图像将缩小显示。然后将"设置水平缩放"设置为95%,执行变换操作。

8   通过"球面化"滤镜进一步使其变圆

与刚才的操作相同,为了使圆弧更容易观看,在将标签完全匹配到啤酒瓶之前,再次应用"球面化"滤镜使其变圆。也可以将标签匹配到啤酒瓶上之后再执行该操作。另外,对"蒙版"图层也以相同的设置应用"球面化"滤镜(见图 08-01)。

球面化

− 10% +

数量(A)   10   %

模式 水平优先

08-01

确认是否已选中"使用标签部分"图层,选择"滤镜">"扭曲">"球面化"命令,应用"球面化"滤镜。设置值为"数量:10%"、"模式:水平优先"。

9 　使用"镜头校正"滤镜

将标签变形以调整大小。即使类似这样从正面拍摄的物体，仰拍时仍然需要进行微调，首先变形标签以确定图像基准大小。调整类似仰拍的图像时使用"镜头校正"滤镜（见图 09-01 和图 09-02 ）。

选中"使用标签部分"图层和"蒙版"图层，选择"编辑">"自由变换"命令。操作时务必按住"Shift"键进行操作，以保持长宽比。

选择"滤镜">"扭曲">"镜头校正"命令，设置为"垂直透视：+8"。除此类方法之外，还有其他方法，这次使用"镜头校正"滤镜这一新功能。之后在"蒙版"图层中以相同的设置应用"镜头校正"滤镜。

10 　标签的最终调整

最后仔细确认标签的大小是否合适。有时需要返回应用"切变"滤镜之前的状态。可选择"编辑">"自由变换"命令进行更加细致的调整。

标签是通过数据制作的，因此并无变形等，但啤酒瓶图像属于拍摄的照片，有时会出现倾斜现象。这种情况下可以对"啤酒"图层进行变形（见图 10-01 ）。

图中的"啤酒"图层稍显倾斜，选择"编辑">"自由变换"命令，按住"Ctrl"键的同时拖曳右上的控制手柄，向右上伸展0.2°并向右侧伸展。

11 　标签的高光

同样在标签上添加啤酒瓶上显示的高光。

将"高光"蒙版作为选区载入，通过调整图层创建高光。标签的高光虽然较为明亮，但是以阴影部分为中心逐渐变亮，因此使用"曲线"命令对高光进行调整。

按住"Ctrl"键的同时单击通道的缩略图，可将蒙版作为选区载入。

在调整图层中应用"曲线"命令，通过事先创建的选区可创建出带有蒙版的调整图层。

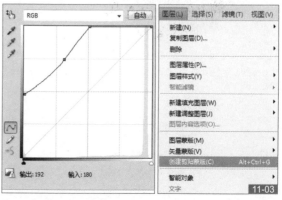

通过曲线进行调整，使阴影部分变亮，并使中间调变为高光。上图所示的曲线可以营造出增加光泽的效果。之后，为了保证仅对标签添加效果，选择"图层">"创建剪贴蒙版"命令。这样可保证曲线功能只对"使用标签部分"图层有效。

12 创建标签的阴影部分

虽然标签的边缘部分稍微变亮了一些，但为了对其进行校正，创建蒙版对其进行调整。

为了实现这一目的，使用"蒙版"图层。通过只显示、加工"蒙版"图层创建蒙版，然后选中"使用标签部分"图层中变暗的部分（见图 **12-01** 和图 **12-02** ）。

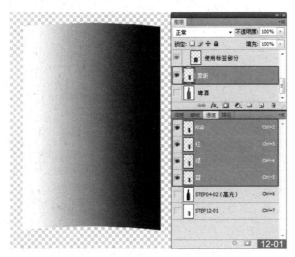

仅显示"蒙版"图层，复制蓝色通道（B）。因为是白色图像，可以复制任意颜色的通道。

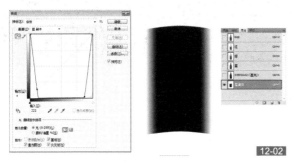

选择"图像">"调整">"曲线"命令，应用如上图所示的曲线。然后，将该处创建的蒙版作为选区载入。将蒙版作为选区载入时，在按住"Ctrl"键的同时单击通道的缩略图，即可获得选区。

13 标签的阴影

通过创建的选区创建图层并创建标签的阴影部分（见图 **13-01** ）。也可以使用多个调整图层进行创建，但为了在创建的图层中应用模糊滤镜，将其存储到另外的图层中（见图 **13-02** 和图 **13-03** ）。

选中"使用标签部分"图层，通过选区创建图层的拷贝。创建图层的拷贝时，选择"图层">"新建">"通过拷贝的图层"命令。

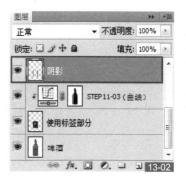

删除已经没用的"蒙版"图层，将新建的图层命名为"阴影"，然后将其移动到最上部。此时，去掉"曲线"图层的剪贴路径即可复原。

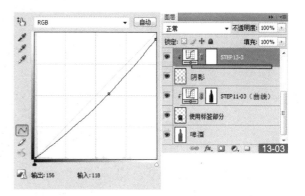

使用"曲线"命令将其调暗，使其看起来更加自然。通过调整图层的曲线将"阴影"图层调暗，按住"Alt"键的同时在"曲线2"图层和"阴影"图层之间单击，将其设为剪贴蒙版图层。

14 最后完善

在最后完善时，在标签的边缘进行模糊处理，在标签部分添加杂色。在合成照片及插图时务必添加杂色。杂色是公认的在人眼中增添立体感的重要因素。

另外，根据啤酒瓶的形状在边缘部分进行模糊处理。通过1像素在边缘部分添加模糊处理。因为存在"使用标签部分"图层，所以即使不完全进行模糊处理，边缘也能保证模糊效果，因此恰到好处（见图 **14-01** ）。

下面在"使用标签部分"图层和"阴影"图层中添加杂色。

添加杂色时，选择"滤镜">"杂色">"添加杂色"命令。

设置为"数量：3%"，选中"平均分布"单选按钮和"单色"复选框。

分别对各图层添加1次滤镜，这样可检查毛边及杂点，调整色调后结束编辑。

The main function	***Design Point***	***Difficulty***	***Sample Data***
主要功能:	设计要点:	难易度:	样本数据地址:
变形文字	通过文本表现具有动感的人物	★ ★ ★ ☆ ☆　3	/Casestudy12/

∴ 知识点：**文本的运用**

在Photoshop中，通过路径和文本的组合使用，可沿路径输入文字或将文字输入在路径绘制的范围内。另外，通过使用变形文字功能，可将文字变形为扇形及拱形等各种各样的形状。

组合使用路径和文字或使用变形文字的功能时，仍可在保留文字信息的前提下进行变形，因此可再次对文字进行编辑。

这是"变形文字"对话框。虽然并不是经常使用的功能，但其操作比想象的更加简单，使用的用途也很多，因此未曾使用过这一功能的用户可以试用。

∴ 知识点：**编辑过程中的图层结构**

在结束各项编辑之前，对人物及背景文字图层分别按照分组进行管理。跨栏选手分为1组，共计 7 个图层，背景文字图层分为1组，共计14个图层。

跨栏选手共计7个图层，虽然很多，但各图层已经定义到身体的各部分中，因此非常便于管理，且在编辑过程中并无难点。

背景文字图层共计14个图层，虽然图层数量较多，但这是为了增加设计层面的复杂性。因此各图层之间并没有任何关系，可以说图层的管理相当简单。

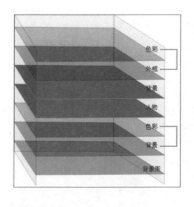

在背景图层和跨栏选手图层上方为进行黑色填充的调整图层，该图层为剪贴蒙版图层，在该图层中设置整体颜色。

1 通过路径画出图形的轮廓

选择工具箱中的"钢笔工具"（见图 01-01），然后单击"路径"面板下部的"创建新路径"按钮，这样就可创建"路径1"（见图 01-02）。双击名为"路径1"的部分，可以重命名路径名称，可输入人物身体各部分的名称。

01-01

在工具箱中选择钢笔工具。钢笔工具包含"钢笔工具"、"自由钢笔工具"、"添加锚点工具"等许多种，本次编辑中使用"钢笔工具"。

01-02

单击"路径"面板中的"创建新路径"按钮，则可创建新路径。

为构成人物身体的头、腕、躯干、脚和鞋等各部分分别创建路径（见图 01-03）。

沿路径输入文字后，文字的大小及文字间隔也并未发生变化，很难得到整齐地沿路径输入的视觉效果，因此可不必太拘泥于绘制的精度（见图 01-04）。

01-03

使用钢笔工具分别绘制人物各部分的轮廓，但没有必要过于精细地绘制。以某种程度的精度绘制即可。

01-04

分别重新制作身体各部分的路径。关于器官的大小，也以能在一定程度上放入某种文字为宜。

2 沿路径输入文字

在按器官划分的各部分中分别输入文字，通过"路径"面板选择输入文字的路径，这样该部分的路径即在画面上呈显示状态。在该状态下，选择工具箱中的"横排文字工具"，将鼠标指针置于路径之上，这样鼠标指针显示形状发生切换。在该变化状态下单击路径。

01 通常的文字鼠标指针显示图像。
02 鼠标指针显示切换图像。
03 单击的图像。

这样即可沿路径输入文字，将预先复制的文字粘贴到此处（见图 02-02）。

02-02

将文字插入路径的轮廓中。输入文字后在"图层"面板上自动创建一个文字图层。另外，在"路径"面板上也创建出文字图层的路径图层（见图 02-03）。

该图层与绘制轮廓后创建的路径图层不同，如果取消选中文字图层，则该图层不再显示（见图 02-04）。

02-03

在路径上输入文字后添加了新建的文字图层。

同样在其他部分的路径上输入文字。

02-04

在路径上输入文字并添加文字图层后，"路径"面板中也将添加新的路径。

3 在路径内部输入文字

步骤2中沿路径输入了文字，在图像的躯干部分沿路径内侧输入文字（见图 03-01 ）。

在"路径"面板中选中躯干部分路径的状态下，选择"横排文字工具"，将鼠标指针置于路径内侧，这样鼠标指针显示形状发生切换。

在这种状态下进行单击，这样就可以在路径内侧输入文字。将事先复制的文字粘贴到该处。

01 鼠标指针显示发生变化的图像。
02 在躯干部分输入文字的图像。
03 输入全部文字的图像。

这样便将文字输入了所有的器官中，为了便于整理，将其汇总到组文件夹中。按住"Ctrl"键的同时单击"图层"面板中的各图层。

在选中所有文字图层的状态下，按住"Alt"键，将图层拖曳到位于"图层"面板下方的"创建新组"按钮上，将图层编组（见图 03-02 ）。

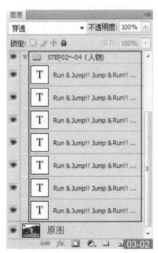

各器官中都分别具有文字图层，将其分组后更加便于管理。根据需要也可以重命名图层名称。

4 文字的调整

即使沿路径输入文字，也可以如同处理普通文字一样设置字体、颜色及大小。在"字符"面板中可完成设置字体大小、行距、字距、颜色和更改字体等所有的操作。

下面，为了营造出动感效果，将其设置为更具动感的字体，并调整字体大小、行距、字距，使主要的表现内容更加突出（见图 04-01 ）。

也可对输入路径中的文字所在的图层采取类似普通文字一样的更改。

5 使用变形文字创建背景

下面使用变形文字创建背景图像。首先在原图上方创建新图层并填充黑色。之后创建文字图层来排列数字，使用变形文字营造出动感效果。

首先创建普通文字并排列数字，选择文字工具，单击其属性栏中的"创建文字变形"按钮，在该图层中添加变形效果（见图 05-01 ）。

单击"创建文字变形"按钮，即可打开"变形文字"对话框。

"变形文字"对话框。

计划更改文字样式时，在"样式"下拉列表中进行选择，更改各数值使其变形（见图 05-03 和图 05-04 ）。

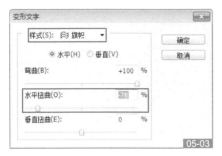

在"变形文字"对话框中设置为"样式：旗帜"；选中"水平"单选按钮，"水平扭曲：-78%"。

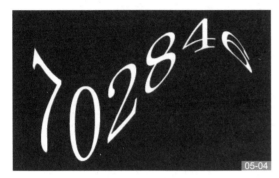

通过刚才的设置，得到如上图所示的变形。

在"变形文字"对话框中设置为"样式：旗帜"，选中"水平"单选按钮，"弯曲：50%"，其他设为0%。

通过刚才的设置，得到了如上图所示的变形。

使用变形文字可以创作出特殊的文字效果，可将文字变形为扇形及拱形，还可以任意更改图层的变形文字及整体形状。在"变形文字"对话框中可以细致地控制变形效果的方向及透视，用户可以尝试进行各种变形。

按照上面的操作更改变形文字的样式、数值和大小并创建背景。

样式种类非常多，通过精心组合，可创建出如图 05-07 所示的图像。

在创建背景的过程中，只创建了必需的文本图层，然后通过多种设置应用了变形文字。

6　进行微调，创建整体效果

此时大体上完成了创作，下面对其进行微调。

因为是最后调整，所以先暂且忘掉原图，调整路径，使其变为更具动感的图像。可通过路径选择工具选择计划编辑的文本图层，然后对路径进行调整。

调整完路径后，为了使人物具有动感效果，使用"模糊"滤镜创建图像。

首先将人物组拖曳到"图层"面板的"创建新组"按钮上，分别复制文件夹。在复制的文件夹上单击鼠标右键（Mac中按住"control"键的同时单击），在弹出的快捷菜单中选择"合并组"命令，将多个文本图层合并到1个图层中。

在该图层中选择"滤镜">"模糊">"动感模糊"命令，并将其移动到右下方，便可创建出具有残景风格的图像（见图 06-01 ）。

进一步在背景图像的右上方通过渐变工具绘制蓝光，对整体进行微调后结束编辑（见图 06-02 ）。

在合并的图层中应用"动感模糊"滤镜，通过渐变工具增加光线。

显示事先复制的人物图层，结束编辑。

13

Case Study: 使用调整图层制作摇滚风格的黑白图像

The main function
主要功能：

阈值
加深工具
减淡工具

Design Point
设计要点：

准备对比度较高的图像

Difficulty
难易度：

★★★☆☆ 3

Sample Data
样本数据位置：

/Casestudy13/

✥ 知识点：制作摇滚风格的黑白图像

这次的目标是制作一幅具有摇滚风格的黑白图像，因此需要准备好更具表现力的原图。

在这次制作过程中，不管应用多少技巧，如果最终图像和原图不匹配，最终作品中将会出现不平衡。如果原图中有某种限制，则可对原图进行加工之后再开始编辑，从而获得更好的结果。

从技术层面对原图进行考察时，使用阈值时效果的可视性强和轮廓、表情等细节未遭破坏的图像尤为重要。如果不是这类图像，则使用图章工具及阈值进行调整后再开始作业。

选择具有平滑直方图的原图是最低要求。当然也要注意原图的视觉形象及人物的表情。

✥ 知识点：作业过程中的图层结构

因为要在原图中应用颜色减淡/颜色加深，所以必须将图层合并为1个。

将多个图层进行组合，以保证在背景图层中完成期望的形象。计划进行最终调整时也可不合并图层。

将所有的图层最终合并为4个图层。因为图层数量较少，所以不可删除图层重新进行操作。因此每一个图层都很重要。

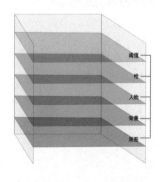

完成的作品中图层并不多，不过这也更显示出了各图层非常重要。图层的多少与制作的难易度并无直接关系，因此需要在各图层中仔细地进行编辑。

1　将彩色图像转换为灰度图像

选择"图像">"模式">"灰度"命令,将彩色图像转换为灰度图像,在该图像中应用"阈值"命令,拖动滑块,查看完成图像的效果。

原图为彩色图像时,暂且将其转换为灰度图像,同时调整阈值。

将"阈值色阶"设置为128,然后执行操作。其结果是实现整体填充,细节部位消失。

将"阈值色阶"设置为55,然后执行操作。这次图像中出现了白色散落,细节部位消失。

2　调整(唇部和鼻部)

由于一次性地完成所有调整,有时并不能顺利实现预期的效果,因此将其稍微调亮,然后再开始调整。将图像拖曳到"图层"面板下部的"创建新图层"按钮上进行复制,在复制的图层中进行调整。

"图层"面板变为如左图所示的状态。

选择"加深工具"。

首先调低曝光度的百分比,逐步应用颜色加深。

选择工具箱中的"加深工具",在复制的图像中直接进行绘制。通过加深工具将绘制的部分调暗后融于整体,应用该特性进行调整。切换调整图层的阈值显示/隐藏,使出现白色散落的部分浮现出黑色。

唇部和鼻部出现了白色散落,比较该处与原图的区别,使用加深工具进行绘制(见图 02-04 和图 02-05)。

唇部和鼻部出现了白色散落,使用加深工具进行绘制。

通过加深工具进行绘制后可浮现出轮廓。

3 调整（太阳镜和头发）

应用步骤2中的方法进一步进行调整。为了使脸部更加引人注意，调暗皮草部分的高光，另外，减少太阳镜部位的高光（见图 03-01 ）。

左图为步骤2中创建的图像，右图为对此进行调整后的图像。右图中更好地表现出了细节部位。

其次，因为头发中出现了画质损失，所以对其进行调整突出厚重感。

使用加深工具调暗了图像的亮部，相反可使用减淡工具将其暗部调亮。

选择"减淡工具"。

头发细节中出现黑色散落，使用减淡工具进行绘制。

通过减淡工具绘制头发中的细节。在其属性栏中将"曝光度"设为50%。

显示出了头发中的细节部位。

4 创建背景图像

制作背景图像。组合使用滤镜在背景中绘制放射线。

首先创建新文件，选择"滤镜" > "杂色" > "添加杂色"命令，然后选择"滤镜" > "模糊" > "径向模糊"命令（见图 04-01 、图 04-02 和图 04-03 ）。

反复应用"径向模糊"滤镜3次，这样可如图 04-04 所示绘制少许放射线。

创建新图层并填充黑色，应用"添加杂色"滤镜。设置为"分布：高斯分布"，选中"单色"复选框。

应用"径向模糊"滤镜。设置为"模糊方法：缩放"、"品质：草图"。

应用"径向模糊"滤镜1次。

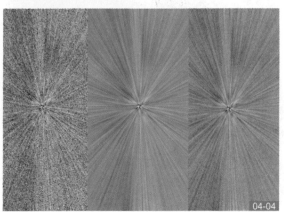

从左至右依次应用了1次、2次和3次"径向模糊"滤镜。

5 整体合成

集中完成编辑的素材进行整体合成。

首先删除人物图像的背景部分。使用钢笔工具描绘背景部分创建路径，从该处载入选区，在人物图像中添加图层蒙版后删除背景部分（见图 05-01 和图 05-02 ）。

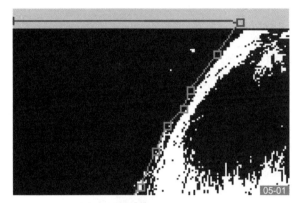

通过钢笔工具选择合成背景的部分。

通过创建的路径载入选区，从该处创建选区的图层蒙版，然后删除背景部分。

其次，在人物图层下面置入之前创建的背景图像。采用相同的方法，通过加深工具将背景置入其中并进行调整（见图 05-03 、图 05-04 和图 05-05 ）。

置入之前创建的背景图像，应用"阈值"命令。

通过加深工具对背景图像进行调整，降低亮度。

采用与人物相同的办法创建并置入枪支图像。

6 完成

完成整体合成后进行微调，最后进行大胆的修剪。通过修剪增加身临其境的感觉，完成具有视觉冲击力的形象（见图 06-01 和图 06-02 ）。

修剪时使用工具箱中的"切片工具"。

完成编辑的"图层"面板。

左图为最终的图像。

14

Case Study: 使用肖像画的基本技巧处理图像

原图

The main function
主要功能：
"液化"滤镜
画笔工具
图章工具

Design Point
设计要点：
使用脸部黄金比例，创建自然的表情

Difficulty
难易度：
★★★☆ 4

Sample Data
样本数据地址：
/Casestudy14/

❖ 知识点：运用脸部特征修正图像

本次修正过程中将作业分为几个步骤。首先完善脸部的质感等，其次根据脸部黄金比例调整脸部各器官的位置等，最后为了运用脸部特征增加高光。

可通过各种各样的办法实现肌肤调整、器官修正和最后完善3个工序，弄清这3个工序可提高作品的质量。

这里使用"液化"滤镜，在不破坏脸部特征的前提下对脸部进行修正。

❖ 知识点：作业过程中的图层结构

这里的图层结构基本上按器官进行编组（设置），便于管理。从这种意义上讲，图层结构本身非常简单。

但是，正如设计要点中提到的一样，由于需要保留整体的平衡和特征进行修正，因此在修正器官时需要考虑整体的平衡。如果能遵守这个规则，则该修正并不困难。

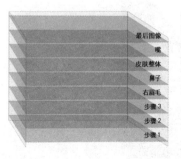

分别对各器官进行编组，便于管理。另外，将各步骤保存备用，之后可以调整修改位置。

最后图像
嘴
皮肤整体
鼻子
右眉毛
步骤3
步骤2
步骤1

1 删除大的皱纹及不需要的阴影

首先删除大的皱纹及不需要的阴影。在进行人物图像加工时可以删除皱纹等。并且在进行大幅修改时，先删除大的皱纹能够保证编辑顺利地实施。

删除所有大的皱纹及阴影后人物将变得面无表情，由于可以在之后添加所需的皱纹，因此现在尽可能将其完全删除。

删除的作业工序为创建新的图层，在新图层中使用仿制图章工具和画笔工具保存原图像。使用画笔工具时在按住"Alt"键的同时在图像中单击，拾取原色填充一次，下次填充时仍采取相同的方法拾取原色后进行填充，这样就可以轻松地创建出更好的渐变。

这次的示例中事先确定了设置值，以保证不使用画图板也可以成功地再现效果。

选择"图层">"新建">"图层"命令，或单击"图层"面板中的"创建新图层"按钮添加图层。在仿制图章工具的属性栏中将"样式"设为"当前和下方图层"。对于不能通过仿制图章工具删除的部分，将画笔工具属性栏中的"不透明度"设为20%左右反复仔细地涂抹几次。即使皱纹消失导致看起来不自然，也要删除类似红圈内的明显皱纹。

以10%～20%不透明度的画笔工具或仿制图章工具删除眼角多余的眼角浮肿阴影。

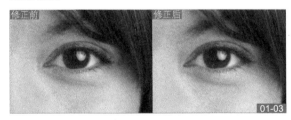

再创建新图层，修正脸部的细节部分。眼袋为脸部的特征之一，不必将其删除而是仔细修正其形状。
与仿制图章工具相比画笔工具更适合于调整眼袋。类似这样在另外的一个图层中修正脸部时，每次作业时都创建相应的图层更能提高作业效率。本次作业共使用2个图层，即最初的大幅修正图层及微调图层。

同样使用仿制图章工具涂抹皮肤粗糙的部分及鼻翼线上下难看的阴影。特别是在有起伏的地方出现了多余的阴影及高光，通过对其仔细修正，使其变为整体明亮、美观的表情。

2 在完成填充的图层中增加质感

使用仿制图章工具及画笔工具涂抹的地方质感出现了缺失，通过杂色滤镜添加质感。杂色大小不吻合时，在另外的一个图层中添加滤色并放大，然后通过合并图层调整大小。

在皮肤上增加质感时通常应用"添加杂色"滤镜。另外，该功能在增加立体感方面效果也很好。

Photoshop中的"添加杂色"滤镜并不能更改杂色的大小，但用户可以使用第三方厂家开发的滤镜等创建高品质的图像。

首先，合并步骤1中创建的图层并应用"添加杂色"滤镜。选择"滤镜">"杂色">"添加杂色"命令，设置为"数量：1%"，"分布：平均分布"，选中"单色"复选框。在人物的肌肤中添加杂色时，"平均分布"比"高斯分布"看起来更加自然。顺利完成操作后复制原图层，合并所需的图层。

脸部黄金比例

脸部黄金比例可以系统地描述脸部及身体的平衡，并通过数字描述完美平衡的规则，即通常人们所说的斐波那契数列（按模运算）及脸部黄金比例（GFP）。

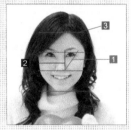

当进行照片修正作业时，用户完全确定最终腹稿并考虑好处理步骤后再进行操作，才能获得好的结果。但是如果不懂得脸部的修正方法，则不能进行很好的修正。例如，即使用户掌握了修改眼睛位置的技巧，如果不能感觉到眼睛位置不合适，也不能发挥任何作用。与基本技巧相同，如果能掌握好GFP的知识，将非常方便。

① 眉梢位于鼻翼和外眼角延长线上。
② 眉头位于鼻翼和内眼角延长线上。
③ 下颚尖到鼻尖的距离、鼻尖到眉尖的距离、眉尖到发际的距离三者均等。

另外，GFP对于理解基本相貌的轮廓平衡也很有帮助。当然，这只是标准而已，仅供参考。若以此为基准，则可创建更像大人的相貌轮廓或创建更加可爱的相貌轮廓。另外，斐波那契数列对于整个设计过程都具有很大的作用，有兴趣的用户可以查询具体的用法。

3 调整眼睛的位置

图中人物的眼睛有些不自然，我们对其进行调整。添加将脸部纵向五等分的定位辅助线确定眼的位置，这种方法参考了脸部黄金比例（GFP）。也可以调整到自己认为最佳的位置。

在GFP中眼睛的宽度为脸部宽度的1/5，两眼的间隔也为脸部宽度的1/5。在该图中眼睛较大，不符合GFP，因此不改变眼睛的大小，而以内眼角的位置为基准调整其位置。完成作业后合并图层即可结束操作。

03-01

本次编辑中使用"褶皱工具"、"向前变形工具"及"左推工具"。首先使用定位辅助线等仔细确认眼睛的位置。可以发现左眼大幅偏向了外侧，右眼也稍显偏向内侧。
类似这种情况，眼睛两端边缘的部分较大，不知道依据哪里进行调整时，以中心为基准，最后凭感觉进行调整。

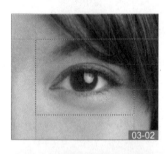
03-02

使用矩形选框工具创建较大的选区，然后复制图层。
复制图层时选择"图层">"新建">"通过拷贝的图层"命令。
下面将对复制的图层的边缘部分添加蒙版，因此没有必要对选区进行模糊处理。

03-03

移动图层后在周边不自然的部分添加图层蒙版，通过画笔填充蒙版，使其融于周边图像中。
其次，为了添加蒙版，单击"添加图层蒙版"按钮。添加图层蒙版后蒙版图层将处于选中状态，以不透明度为20%～50%的画笔在多余的部分填充黑色，然后合并图层。

03-04

最后仔细确认左、右眼的位置是否不自然。
此时合并图层，计划之后进行调整时分别复制原图并存储。

4 调整右侧眼眉的位置和形状

添加定位辅助线后可知右眼眉和左眼眉的高度、右眼眉内侧并不十分端正。

作业时根据左眼眉的位置调整右眼眉的位置。另外，左眼眉的内侧较淡，我们对其进行调整。因为头发的位置不同，所以要考虑整体平衡进行调整。完成调整后，与眼睛调整方法相同，创建蒙版，将不需要的部分填充黑色，然后合并图层。

04-01

开始加工前在眼眉位置添加定位辅助线进行确认，可知右侧眼眉内侧粗重并稍微倾斜。另外，左侧眼眉内侧较淡，我们对其进行调整。

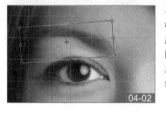
04-02

与步骤3相同，通过矩形选框工具选择选区，选择"图层">"新建">"通过拷贝的图层"命令，存为另外的图层后选择"编辑">"自由变换"命令，调整其位置和角度。

04-03

通过仿制图章工具修正眼眉的不端正部分，确认已调整完毕后合并图层。

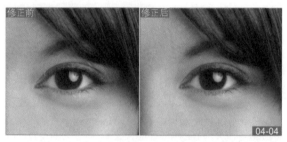
04-04

与右眼眉相同，左眼眉内侧也较淡，采用与前面步骤相同的方法进行调整。

5 调整鼻子的大小和形状

以眼眉内侧和眼角内侧的延长线为基准调整鼻子的宽度。该操作也与眼睛位置的调整方法相同，利用了脸部黄金比例（GFP）。没有必要完全依从标准，将其作为大致标准进行调整。另外，同时调整左右平衡，可知样图中左侧鼻翼偏上。完善鼻子形状时应用"液化"滤镜。

确认鼻子将要修改的大小时，除左、右大小外，不要忘记调整左、右形状。可见鼻子宽度偏宽，鼻子左翼偏高。

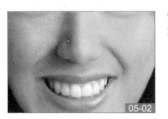

该步骤中仅确认将要修改的重点，在之后的步骤中通过"液化"滤镜进行修改。

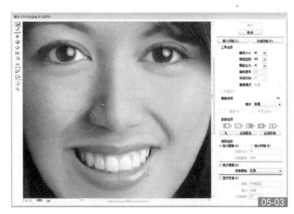

选择"滤镜"＞"液化"命令，打开专用对话框后先调整各设置值。将画笔设置为"画笔大小：80～120"、"画笔密度：50"、"画笔压力：40"、"画笔速率：7"。该操作可以通过鼠标进行，因此逐一认真地单击或拖曳很小部分进行编辑。作业过程中使用"褶皱工具"、"向前变形工具"和"左推工具"。

6 调整皮肤整体的毛孔及阴影

在前几个步骤中调整了脸部的形状，但仔细观察细节部分会发现，毛孔、阴影及高光表现不自然的地方较多。

由于前面已经花费了很大的心血，因此要营造出仔细化妆后的质感。在之后的步骤中还要添加高光和调整色彩，因此这里主要去除毛孔，营造出立体感。

与步骤1相同，创建新图层，通过使用画笔工具，可以轻松地进行重新编辑。使用画笔工具时，按住"Alt"键的同时在图像中单击，拾取原色后在确定的部分填充一次，再次进行填充时采用相同的操作重新拾取原色，这样就可以轻松地创建渐变。

在确定示例的设定值条件下不使用画图板也可以进行作业。若使用画图板，应尽可能降低画笔的不透明度（或流量）进行作业。

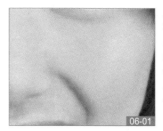

皮肤的阴影部分及脸颊的毛孔十分明显。创建新的图层，以不透明度为10%～20%的画笔渐渐进行填充。操作时按住"Alt"键的同时在图像上单击，拾取原图颜色后进行作业。

延伸到头发中也没有关系，最开始通过亮色以去除皮肤整体内的毛孔为目标进行填充。对于暗淡部分稍后将进行处理，因此这里只以亮色画笔逐渐填充。

使用比刚才细小的画笔对暗部进行完善。每次填充时都要更改绘图颜色，以避免出现不自然的地方。

为了调整右脸颊下部、下巴左侧上部形状及眼袋，分别创建新图层。在这一步骤中并不对暗部进行填充，而是创建阴影部分，通过灵活运用高光进行完善，这样就可以获得极具立体感的表情。

7 完善肌肤

为了消除眼眉周边及眼睛附近不需要的部分，可以添加图层蒙版，通过黑色画笔填充蒙版，使其融于周边图像中。然后降低图层的不透明度，从而柔化具有人工编辑质感特征的部分。之后，以5%～15%的画笔完善脸部的立体感。

为了删除眼眉周边超出范围的部分，添加图层蒙版后通过画笔填充蒙版，使其融于周边图像中。

为了添加图层蒙版，单击"添加图层蒙版"按钮，以30%～50%不透明度的画笔对蒙版填充黑色。

最后完善时，降低图层的不透明度之后，进一步通过画笔进行完善。确认已完全调整完毕之后合并图层。

8 调整牙的位置

仔细对脸部进行观察后发现，牙齿并不在中心位置。

在该步骤中，在口腔中创建选区，复制图层后通过自由变换调整牙齿的位置。

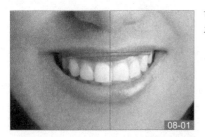

可以发现位于中心偏左的牙齿较大。

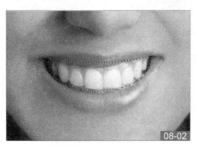

通过多边形套索工具创建选区，选择"图层">"新建">"通过拷贝的图层"命令，复制图层后选择"编辑">"自由变换"命令使其变形。用户可以在按住"Ctrl"键的同时拖曳控制点使其变形。

9 复制笑纹

修正脸部时，很容易形成无表情的脸庞。因此从修改前的原图中复制嘴角（嘴的两端）下部的笑纹，降低其不透明度后叠加到图像中，从而创建自然的笑纹及阴影。通过画笔覆盖使笑纹图层显得很不自然，因此尽量在最终图像上进行编辑。

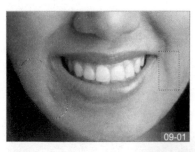

与以往的操作相同，创建选区，复制图层并将复制的图层移动到最上面。另外，分别对左、右进行加工。

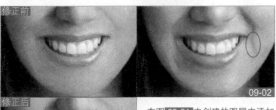

在图 09-01 中创建的图层中添加图层蒙版，使其融于周边图像中。然后将右侧的笑纹的"不透明度"设为20%，左侧的笑纹的"不透明度"设为40%。

左图为加工前的图像，右图为刚刚复制图层后的图像，下图为移动图层并降低其不透明度的图像。

10 完善脸部形状

下面采用与化妆相同的方法进行完善。首先为了更好地表现皮肤颜色和脸部形状，添加高光。实际化妆时通过增加阴影使脸部更加端正，但这里仅通过高光完善脸部形状。

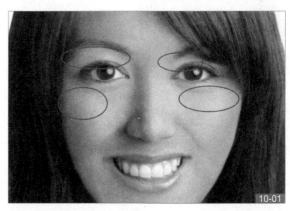

使用画笔工具填充红圈部分创建高光。因为整体氛围为眼睛较大，具有印象派风格，为了更加突出眼角，增加脸部的立体感，在脸颊及眼睛周围添加高光。特别是脸颊部分对于完善脸部形状至关重要。为了使脸部看起来更加柔和，并且与较宽的下巴保持平衡，在脸颊处创建横向较长的高光。这样脸部重心上移，人们将关注的重点移向眼角。

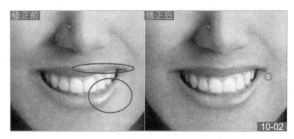

下面增加唇部光泽，使其看起来更加健康。与之前的操作相同，创建新图层后再开展作业。通过删除、连接唇部小的高光，创建完美的高光区域。

11 添加瞳孔明亮度和高光

为了增加瞳孔的透明感，在瞳孔中增加高光。使用画笔大小合适的加深工具突出黑眼球的中心和边缘，使用画笔大小合适的减淡工具创建高光。调整时将画笔的"不透明度"设为5%～10%。

除瞳孔之外，使用画笔在眼内侧红色部分添加高光，使眼睛看起来更大。

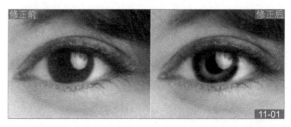

为了增加眼睛的亮度，应用颜色加深和颜色减淡。首先如左图所示，通过加深工具加深黑眼球中心和周边的边缘部分，使瞳孔更加清晰可见。画笔大小应为瞳孔的1/4左右，并设为15像素左右。另外，将其属性栏中的"曝光度"设为10%～15%。

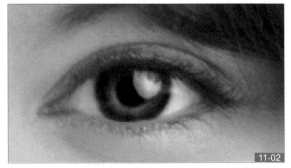

11-02

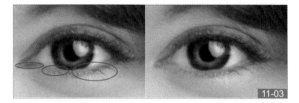

11-03

在左图眼睛内侧红框内通过画笔增加高光，使眼睛看起来更加自然。将绘图色设置为（R:220，G:250，B:255），将画笔的"不透明度"设为5%。采用与化妆同样的手法，在眼白和黑眼珠下侧添加类似倒影一样的高光。

以刚才一半左右的画笔大小应用颜色减淡。在靠近瞳孔中心的位置重点应用颜色减淡，这样便可在瞳孔中显现渐变，使瞳孔更加光彩照人。进一步以1/3左右大小的画笔进行操作，突出与中心最黑部分的边缘。
为了进一步突出瞳孔的明亮度，忽略黑眼珠和眼白，在眼中增加高光。这次添加2条左右横长的高光。

保留质感，营造立体感

前面对使用仿制图章工具及画笔工具营造脸部立体感的方法进行了讲解，这是肖像画的基本方法。这种方法可以完善皮肤肌理，营造出类似仔细化妆后的质感，但有时也会降低质感，造成原图像画质降低。另外，还有从原图创建选区的方法。下面介绍其中的一种方法。

首先，最开始只显示图像的各通道，确定使用哪一通道（人物照片基本上使用没有斑点和皱纹的红色通道(R)）。复制确定的通道，通过曲线进行调整，使计划选择的部分变白。

将红色通道（R）拖曳到"创建新通道"按钮上，复制的通道保存为Alpha通道。

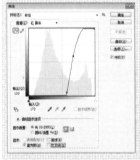

选择"图像">"调整">"曲线"命令，使用极端曲线使计划选择的部分变白。白色部分之后将变为选区，需要仔细地确认图像。

在当前状态下设为选区时，之后将其调亮时会出现不必要的浓度差，因此下面事先对其实施模糊处理。
选择"滤镜">"模糊">"高斯模糊"命令，设置"半径"为5像素后执行该命令。
之后，为了将Alpha通道作为选区载入，按住"Ctrl"键的同时单击缩略图。为了通过创建的选区创建新的图层，单击RGB通道后，选择"图层">"新建">"通过拷贝的图层"命令。

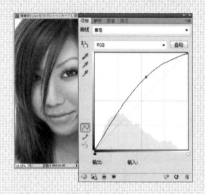

为了调亮复制的图层，选择"图像">"调整">"曲线"命令，将新创建的图层调亮。如果操作时复制图层的颜色不佳，在此处进行颜色调整。处理人物照片时将高光部分稍微调蓝，即可创建出层次明晰的图像。

由于当前状态下脸部整体较亮，因此在局部添加蒙版只使部分地方变亮。
首先单击"添加图层蒙版"按钮，添加图层蒙版后通过画笔工具在部分图层蒙版中填充黑色，即可将不需要的部分遮盖。
操作时使用20%左右的不透明度、100～250像素的画笔。

以脸颊部分为中心创建高光，营造出更具立体感的脸部。

这是应用该方法创建的图像。该方法还有各种各样的变化，用户可以下载数据进行富有个性的应用。

Case Study: 使用"镜头模糊"滤镜制作细密画

122

Photoshop
Design Lab

The main function
主要功能：

"镜头模糊"滤镜
"最大值"滤镜

Design Point
设计要点：

营造出玩具般的色彩饱和度和狭小的景深

Difficulty
难易度：

★ ★ ★ ★ ☆ 4

Sample Data
样本数据地址：

/Casestudy15/

:• 知识点：较浅的景深、玩具般的色彩饱和度和稍显模糊的细节

制作细密画风格的图像时，需要营造出较浅的景深、玩具般的色彩饱和度以及稍显模糊的细节。

较浅的景深可通过"镜头模糊"滤镜和蒙版实现，玩具般的色彩饱和度可通过"色彩范围"命令和"色相/饱和度"命令实现，稍显模糊的细节可通过应用"蒙尘与划痕"滤镜营造出来。

通过以上方法即可营造出细密画的效果，不过本例中为了营造较小物体的平光效果，将应用"最大值"滤镜。

针对玩具般的色彩饱和度的作业，需要根据不同的图像进行调整。本例中主要提高了绿色植物的色彩饱和度，不过图像中没有绿色时，通过提高车辆、人和建筑物的饱和度，同时降低道路等的饱和度，也能营造出同样的效果。

:• 知识点：作业时的图层结构

"最大值"滤镜通过与周边像素的比较，优先置换其中较亮的像素，应用该滤镜可以获得明亮、平坦的光照效果。本例中应用该滤镜来营造出平光的效果。

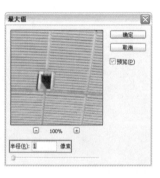

本例中为了方便作业，对图层进行多次合并，最终以颜色校正后的图层和带模糊的图层为主。由于之后只有调整图层，因此图层的数量并不多。
作业过程中采用分组作业，不过因为要应用滤镜，所以采用分组复制并进行图层的合并。

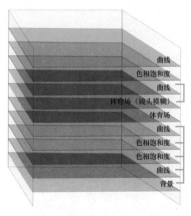

图层大致由2组构成。
并且此时图像本身只有3个图层，其他的基本都是调整图层。
图层构成的要点在于给带模糊的图层添加蒙版，使其下方在焦距上的图像清晰可见。

1　消除风景照片中的蓝色阴影

大多风景照片因为紫外线等的影响，会蒙上一层蓝色的阴影。特别是本例中从高处拍摄，这种现象更加明显。

首先在"图层"面板中单击"创建新的填充或调整图层"按钮，在弹出的菜单中选择"曲线"命令，以创建曲线的调整图层（本例中颜色校正均在调整图层中进行）（见图 01-01 ）。

此外，因后面还要进行几次颜色校正，所以这里只做简单的校正。

首先使用曲线消除蓝色的阴影（见图 01-02 ）。

关于对比度，可以将其调得更高一点，不过因为后面要调，所以这里保持不变。

左图为本例的原有图像。总体上给人感觉比较沉闷，蒙着蓝色的阴影。
本例中使用"曲线"命令。

当然也可以选择"图像">"调整">"曲线"命令，尝试一下自动校正。

在"图层"面板中单击"创建新的填充或调整图层"按钮，在弹出的菜单中选择"曲线"命令。
使用调整图层可以在不改变原数据的情况下对色彩进行校正。

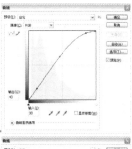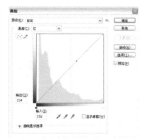

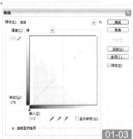

加大全图通道（RGB）的倾斜度，可以调高对比度和饱和度。此外，本例中通过曲线调整可以使得高光变得更加明亮。

保持蓝色通道（B）不变、调高红色通道（R）和绿色通道（G），即可对色彩进行调整，抑制蓝色阴影。

使用曲线调整后的图像，总体上色彩比较鲜艳。
同时蓝色阴影消除，如果用于一般用途，则已经比较满意。

2　调整饱和度，对色调进行校正

这里通过"色相/饱和度"命令来提高饱和度，以营造出细密画的人工色彩效果（见图 02-01 ）。因为后面还要特别针对绿色部分提高其饱和度，所以这里对总体饱和度的提高需要有所保留。

下面在"图层"面板中单击"创建新的填充或调整图层"按钮，在弹出的菜单中选择"色相/饱和度"命令，以便提高饱和度（见图 02-02 、图 02-03 和图 02-04 ）。

在"图层"面板中单击"创建新的填充或调整图层"按钮，在弹出的菜单中选择"色相/饱和度"命令。虽然此前使用曲线，通过提高对比度消除了蓝色阴影，但图像仍显得混浊，因此还需要提高其饱和度，使色彩更加鲜艳。
提高总体饱和度并观察整体效果。

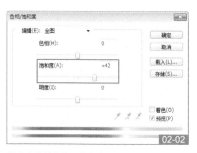

首先在蒙版中将"饱和度"设为42。

球场座椅等的饱和度依然较低，因此在"青色"中将"饱和度"设为12。这里树木的饱和度无法提高，因此保持绿色部分的饱和度不变。

在调整图层中使用"色相/饱和度"命令进行调整后的图像。色彩鲜艳的程度有了大幅改善，不过要作为细密画，还需要提高一下绿色部分的饱和度。本图像中，绿色部分的饱和度提高后，即可使树木获得玩具般的色彩饱和度的效果。

3　创建绿色蒙版

上一步我们提高了图像总体的饱和度，下面要进一步提高绿色部分的饱和度，使其看起来更像人工色彩。为此，首先创建绿色的蒙版。选择"选择">"色彩范围"命令，将"颜色容差"指定得稍小一些，然后扩大选区。有不需要的部分被选中时，使用画笔将其涂黑（见图 03-01 ）。

设定后按住"Shift"键反复单击绿色部分，以扩大选区。

4　提高绿色部分饱和度，将其加工为人工色调

保持选区不动，选择调整图层，该部分即变为蒙版（见图 04-01 和图 04-02 ）。

在"图层"面板中单击"创建新的填充或调整图层"按钮，在弹出的菜单中选择"色相/饱和度"命令。

本例中因绿色部分较多，所以专门提高了绿色的饱和度。不过图像内容不同时，也可以选择其他部分作为对象。例如，车辆等人造物在提高饱和度后，会显得更像细密画。

与先前的操作一样，在弹出的菜单中选择"色相/饱和度"命令。

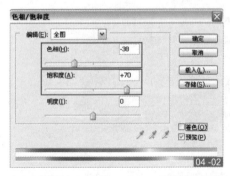

全图通道的设定为"色相：－38"、"饱和度：＋70"。

5　使用色彩调节曲线对对比度进行微调

下面调高图像总体的亮度。因后面还要修正，所以这里可以先调得偏亮一点（见图 05-01 ）。

下一步将要合并图层，因此这里将所有的图层编组并复制，这样即可进行亮度等的调整。

对图层编组时，首先选择要编组的图层，然后选择"图层">"图层编组"命令（见图 05-02 ）。

此外，复制图层组时，先选择要复制的对象，然后再选择"复制组"命令（见图 05-03 ）。

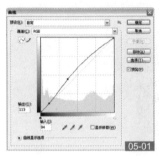

除亮度之外，还要使照明灯光看上去更加平坦。左图曲线中明亮部分的倾斜度较小，因此看起来更像是平坦的照明。

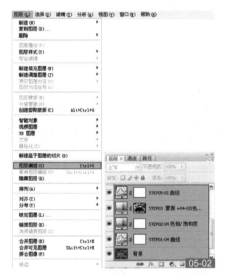

为便于管理图层，采用图层编组。

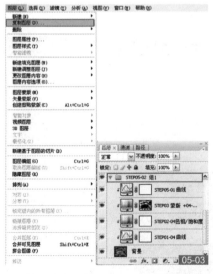

选中图层编组后复制组。

6 加工成细密画

首先合并图层,以便于应用滤镜。如果图层已编组,则此时先选中图层组,再选择"图层">"合并组"命令(见图 06-01)。

如果图层尚未编组,则此时先选中要合并的图层,再选择"图层">"合并图层"命令,并将图层命名为"细密画1"。

下一步为了将图像加工成细密画,应用"蒙尘与划痕"滤镜,使一些过于细致的细节变得模糊一点(见图 06-02)。

"蒙尘与划痕"滤镜原本用于清除一些较小的杂质,其原理是将像素与其周围的像素进行比较,并用周围的像素来覆盖其中的杂质。由于此滤镜模糊程度较低,同时能够清除一些不必要的细节,因此比较适合在本例中使用(见图 06-03)。

最后应用"非锐化蒙版"滤镜提高模糊后图像的锐度(见图 06-04)。

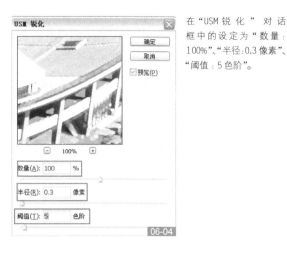

在"USM 锐化"对话框中的设定为"数量:100%"、"半径:0.3像素"、"阈值:5色阶"。

06-04

选择"图层">"图层编组"命令,将图层编组。图层编组后更易于管理。

06-01

"蒙尘与划痕"滤镜原本用于清除一些较小的杂质,但也可以像本例一样,用来使图像变得模糊并清除某些不必要的细节。使用时需要根据图像的尺寸大小修改其设定值。

06-02

在"蒙尘与划痕"对话框中的设定为"半径:1像素"、"阈值:5色阶"。

06-03

7 加工为平坦的照明

首先将"细密画1"图层复制并重命名为"细密画2",然后选中"细密画1"(见图 07-01)。

然后应用"最大值"滤镜,以营造出平坦照明的效果(见图 07-02)。

"最大值"滤镜通过与周围的像素比较,将较亮的像素向四周扩张,因此会使得整个图像的亮度增大,从而产生平坦的照明灯光的效果。不过,此时有些物体的形状会变得不自然,因此后面要使用图层蒙版来隐藏球场以外的部分。

图层组"组1"是备份。需要对多个图层同时进行备份时,使用图层编组较为方便。

07-01

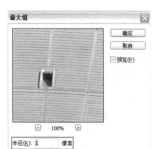

在"最大值"对话框中将"半径"设为1像素。

07-02

Photoshop
Design Lab

8 创建滤镜用的蒙版

模糊化是加工细密画图像的关键。下面创建用于模糊化的蒙版。

首先选中图层"细密画2",新建一个Alpha通道,将图层名称重命名为"滤镜蒙版",在画面上同时显示"细密画2"图层和"滤镜蒙版"图层,并选中"滤镜蒙版"图层(见图 08-01)。

其次,使用渐变工具来创建渐变。

然后再使用曲线来调整渐变(见图 08-03)。

调整时需要注意,与远景相比,近景的模糊范围应该稍小一些,这样看起来才自然。

08-01

新增了Alpha通道,其后将创建色阶。

08-02

选择"渐变工具"。
渐变工具与油漆桶工具在同一位置,有时候会看不见,需要注意。

08-03

创建垂直的渐变。按住"Shift"键的同时在纵向添加色阶。本例中为了确认渐变的情况,在画面中显示Alpha通道。

08-04

为保证应用"模糊"滤镜后整个球场不会模糊,需要制作蒙版,因此用户需要认真地确认球场是否被覆盖。

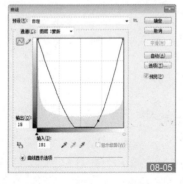

08-05

使用曲线来调整蒙版的形状。该曲线上最亮部分与暗的部分设为同样的亮度,同时中间部分设为最暗。对Alpha通道进行控制时,使用曲线可以制作形状自由的蒙版。

08-06

如左图所示,缩短近景的渐变才是关键。

9 将景深调浅

下面使用"镜头模糊"滤镜将景深调浅。首先选中图层"细密画2",然后选择"滤镜">"模糊">"镜头模糊"命令(见图 09-01)。

在"镜头模糊"对话框中的"深度映射"选项区中将"源"设为"图层蒙版"(见图 09-02 和图 09-03)。

09-01

应用"镜头模糊"滤镜。"镜头模糊"滤镜的处理时间较长,不过它可以产生各种模糊效果。

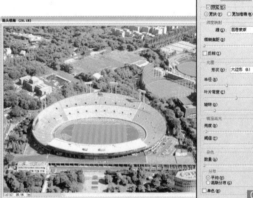

09-02

在"镜头模糊"对话框中的设定为"源:图层蒙版"、"模糊焦距:0"、"形状:六边形"、"半径:35"、"叶片弯度:50"、"旋转:58"、"亮度:3"、"阈值:240"、"数量:0"。

09-03

如左图所示,图像的景深被调浅。

10　创建景深微调的蒙版

大型照相机可以使用其变形功能，从而使焦点范围变狭而拍摄出细密画的效果，但在本例中只能对焦点范围部分进行微调整，才能获得更加真实的效果。

选中图层"细密画2"，选择"图层">"图层蒙版">"显示全部"命令，创建图层蒙版（见图 10-01 ）。

此时，由于图层蒙版处于选中状态，因此继续作业（见图 10-02 ）。

首先创建选区，将球场灯光部分涂掉。

也可以单击"图层"面板中的"添加图层蒙版"按钮。

左图为开始涂抹蒙版之前的图层构造。

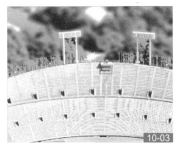

最初有些不太自然的地方，对此用户可以不必在意，继续涂抹。

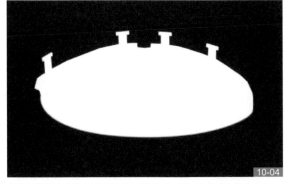

涂抹操作基本完成，对精度无需过分在意，有一点偏差也没有问题。

11　焦距以外部分的微调整

此时图像中不自然的部分还比较多，下面使用画笔工具和渐变工具对球场照明灯之间部分以及球场前方部分进行修正（见图 11-01 和图 11-02 ）。

修正前　　修正后

加工前的球场蒙版和加工后的球场蒙版。使用渐变工具时，将其属性栏中的"模式"设为"滤色"。

蒙版修正好后，图像如左图所示。

12　使用色彩校正进行最后调整

球场部分通过应用"最大值"滤镜已经变得十分明亮，但其周围较暗，因此要对图层"细密画2"使用曲线。

下面新建一个调整图层，将其作为"细密画2"的剪辑图层。球场与其周边图像取得平衡后，再通过曲线的调整图层和色相/饱和度的调整图层调整其亮度和饱和度，作业即可结束。

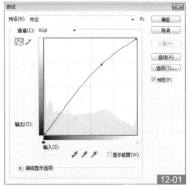

由于"细密画2"图层处于选中状态，因此可以对球场以外部分的亮度进行控制。此时，将球场以外的部分调亮，并通过调整图层的曲线调整图像的整体亮度。

作业到此结束。由于调整图层属于非破坏性编辑，因此可以反复进行调整，直至获得满意的效果。

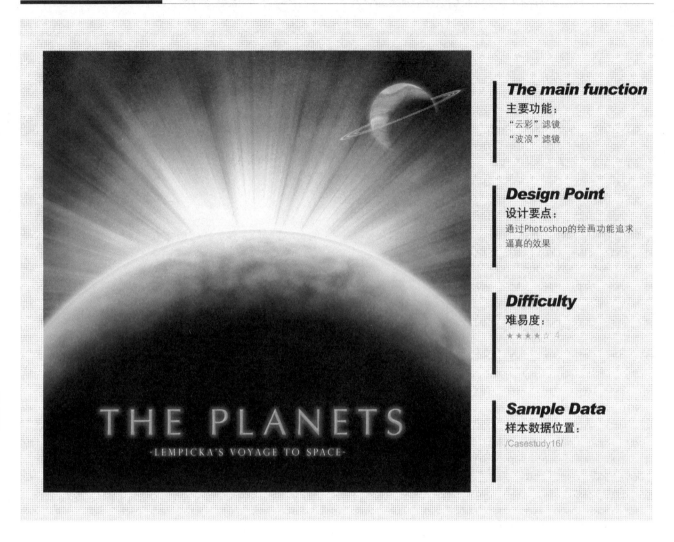

The main function
主要功能：
"云彩"滤镜
"波浪"滤镜

Design Point
设计要点：
通过Photoshop的绘画功能追求
逼真的效果

Difficulty
难易度：
★★★★☆

Sample Data
样本数据位置：
/Casestudy16/

:• 知识点：**如何制作自然的纹理**

本例的要点在于如何制作随机而又自然的纹理。图层样式以及阴影的制作方法与其他示例相同，用户需要认真地处理直至实现自然逼真的效果。而纹理的制作步骤复杂，有时在制作过程中发现有差错，却不清楚问题出在哪里。虽然使用素材集进行加工也可以实现自然逼真的纹理，但本例将全部通过Photoshop来进行制作。

:• 知识点：**作业时的图层构造**

本例将创建"淡蓝色行星"、"宇宙背景"、"气体行星"、"气体行星光环"和"光线"等多个文件，并进行合并。

其中"淡蓝色行星"文件中图层数量较多，共计有7个，其他均只使用1~2个图层，制作也比较简单。

此外，由于"淡蓝色行星"文件中的各个图层之间相互作用，因此用户需要先理解一下图层的构造。

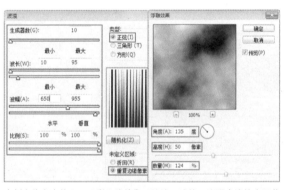

本例中将多次使用"云彩"滤镜和"波浪"滤镜。这两个滤镜应用范围较广，可用于各个方面，特别是"波浪"滤镜，虽然其设定不易掌握，但熟练以后就能制作出更多的纹理。

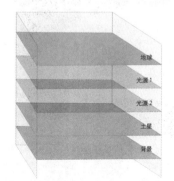

"淡蓝色行星"与其他部分不同，因为包含大气，所以图层数量较多。因为使用的图层之间还有相互作用，所以设定值稍有不同，就会带来影响。可以说其图层构造比较复杂。

1 制作淡蓝色行星的大气

首先新建一个文件,将其作为淡蓝色行星的基础。

在新文件中新建图层,图层填充后对其添加图层样式。

首先创建一个宽和高为2100像素、"颜色模式:RGB颜色"、"背景内容:透明"的图像。

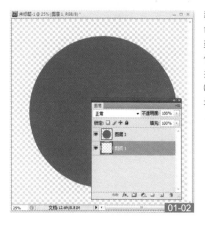

新建一个图层,将其命名为"图层2"。创建一个半径为2000像素左右的圆形,并以绘图色(R:59,G:77,B:175)进行填充。

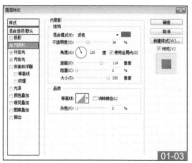

"内阴影"选项的设定为混合模式:滤色"、"不透明度:36%"、"角度:120度"、"距离:119像素"、"大小:250像素"。

"外发光"选项的设为:"混合模式:滤色"、"不透明度:100%"、"发光颜色:(R:206,G:228,B:254)"、"方法:柔和"、"大小:35像素"、"范围:50%"。

"内发光"选项的设定为"混合模式:滤色"、"不透明度:100%"、"发光颜色:(R:162,G:195,B:247)"、"方法:柔和"、"大小:128像素"、"范围:50%"。

2 制作淡蓝色行星的基础

大气部分制作好后,下一步制作尺寸较小的基础部分。

步骤与此前相同,对填充为圆形的图层添加图层样式。与此前相同,图层样式在这里也非常重要。

此时也可以根据情况选择自己喜好的颜色等。

在步骤1创建的图层之上新建一个图层,将其命名为"基础"。然后创建一个半径为1970像素左右的圆形,用黑色填充。然后将图层混合模式设为"滤色"。

"内阴影"选项的设定为"混合模式:滤色"、"不透明度:75%"、"角度:120度"、"距离:119像素"、"大小:250像素"。

"外发光"选项的设定为"混合模式:滤色"、"不透明度:100%"、"发光颜色:(R:206,G:228,B:254)"、"方法:柔和"、"大小:35像素"、"范围:50%"。

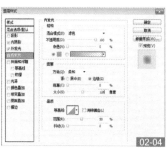

"内发光"选项的设定为"混合模式:滤色"、"不透明度:100%"、"发光颜色:(R:162,G:195,B:247)"、"方法:柔和"、"大小:128像素"、"范围:50%"。

步骤2创建的圆形稍小,因此形成了大气层的效果。

3 制作云的部分

使用"云彩"滤镜制作云的部分。类似本例中从空白开始制作云彩时，"云彩"滤镜是较常使用的滤镜。

新建图层，用"云彩"滤镜填充，用"浮雕效果"滤镜区分明暗。然后清除周边，使其为圆形，再使用"球面化"滤镜和色调校正进行调整。为了使云彩更加复杂，要从创建图层开始进行2次调整，对后创建的图层进行色调校正。最初的图层叫做"云下"，第2次调整的图层叫做"云上"。

在先前创建的图层之上新建图层，将其命名为"云下"，第2次进行调整时的图层叫做"云上"。然后单击"默认前景色和背景色"按钮，使背景色和绘图色返回初始设定，执行"滤镜">"渲染">"云彩"命令。

出现云彩图案后，使用黑色和白色的画笔进行大面积填充，使其图案更加随意自然。

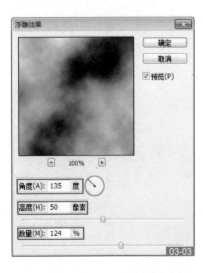

选择"滤镜">"渲染">"云彩"命令和"滤镜">"风格化">"浮雕效果"命令，其中浮雕滤镜的设定为"角度：135度"、"高度：50像素"、"数量：124%"。

为使其呈球面状，需要将填充为黑色的"基础"图层变为选区，即按住"Ctrl"键的同时单击"基础"图层的缩略图。

选择"滤镜">"扭曲">"球面化"命令，设定为"数量：50%"、"模式：正常"。然后选择"选择">"反向"以及"编辑">"清除"命令，将当前的"云下（或云上）"图层的混合模式设为"滤色"。

此时图案较为单调，因此再新建一个图层开始重复以上操作。此时修改一下"浮雕效果"滤镜的设定值，创建一个氛围有所不同的图层。此外为使其有层次感，将"云上"图层的"不透明度"设为50%。

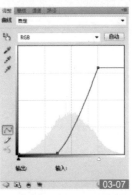

通过曲线调整，使2块云彩有浓淡之分，曲线中高光应为灰色，比中间调稍暗的部分要压扁。

为了显示两块云彩的区别，选择"图像">"调整">"色相/饱和度"命令，设定为"色相：230"、"饱和度：100"、"明度：0"，同时选中"着色"复选框。

4 制作阴影

通过渐变制作阴影，如果阴影看起来不自然，可以反复制作，直至获得满意的效果。

步骤与此前一样，从新建图层开始。不过为了消除边缘处溢出的部分，要使用图层蒙版。

与此前一样，新建图层，将其命名为"阴影"。然后按住"Ctrl"键的同时单击"云上"图层的缩略图，创建选区，然后将选区向右下方移动。

选择"选择">"修改">"平滑"命令，将对话框中的"取样半径"设为90像素，然后用黑色填充。

此时由于阴影部分有溢出，因此要使用蒙版将其消除。首先与此前一样，将"云上"图层作为选区载入，然后确认"阴影"图层当前处于选中状态，单击"添加图层蒙版"按钮。

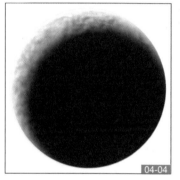

将完成的图像保存至任意位置。

5　制作宇宙的背景

制作背景图像时，其尺寸为1500像素×1500像素，虽然比其他图像稍小，但因为在步骤6中需要将其扩大，所以这里的作业保持该尺寸不变。

新建文件，新建图层并对其施加"云彩"滤镜，制作好图像的背景，直至获得满意的效果，如图 05-01 所示。

新建一个图像，在"新建"对话框中将宽与高分别设为1500像素，同时设定"颜色模式：RGB颜色"、"背景内容：透明"。新建图层并命名为"宇宙"，将绘画色设为黑色，背景色设为（R:35，G:45，B:60）。

然后选择"滤镜">"渲染">"云彩"命令，为图像打好底图。由于此滤镜每执行一次都会出现不同的结果，因此如果不满意，可以反复执行多次。

6　制作闪烁的星星

此步骤中有使用画笔进行涂抹遮挡蒙版的部分，不过因为蒙版在后面也能更改，因此无需过分在意细节。

具体操作步骤为先使用"添加杂色"滤镜以及色调校正，最后执行"扭曲"变形。

下一步为制作闪烁的星星，先新建图层并命名为"星星"，填充为黑色后，选择"滤镜">"杂色">"添加杂色"命令，设定为"数量：30%"、"分布：平均分布"，同时选中"单色"复选框。然后将图层混合模式设为"滤色"。

选择"图像">"调整">"亮度/对比度"命令，设置为"亮度：－150"、"对比度：+100"。

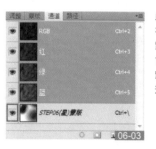

此时星星到处都有，由于平均分布显得单调，因此需要使用图层蒙版遮挡一部分。

首先向"星星"图层添加图层蒙版。打开"通道"面板显示通道，以绘制图层蒙版。

在蒙版通道上用画笔等适当地填充蒙版。

填充时注意要随意填充，以使其错落有致。

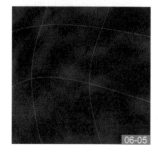

选中步骤5中制作的"宇宙"图层，选择"编辑">"变换">"变形"命令，使星星以外的部分产生较大扭曲。根据情况，此步骤也可以重复操作2次以上，直至获得满意的形状。

至此宇宙的背景已经制作完成，不过这时几乎所有的星星都很小，只有1像素，因此选择"图像">"图像大小"命令将其扩大至3500像素×3500像素，然后保存。

7 制作气体行星的基本图案

　　这里最难的是如何制作平滑自然的条纹图案，其中最为重要的是使用画笔涂抹的部分。

　　具体步骤与此前相同，从新建文件开始，然后用画笔绘制图案，再应用"动感模糊"滤镜和波形滤镜，以制作气体行星的图案。

新建一个设定为"宽度：800像素"、"高度：8000像素"、"颜色模式：RGB颜色"、"背景内容：透明"的图像，并将图层命名为"base"。

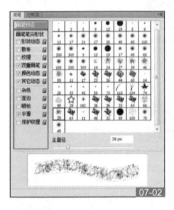

选择"画笔工具"，在"画笔"面板的预设中选择"干画笔"或"干画笔尖浅描"。

开始绘画，同时在绘画过程中不断更改画笔的颜色和设定。绘画色设定为（R:85，G:0，B:0）。

8 对基本图案进行调整

　　对制作完成的基本图案加上滤镜，使其更接近于气体行星的形状。要点是用画笔添加上斑斑点点的云彩效果。

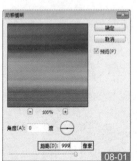

选择"滤镜">"模糊">"动感模糊"命令，设定"角度：0"、"距离：999像素"，然后执行该命令。

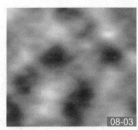

选择"滤镜">"扭曲">"波纹"命令，在其对话框中设定为"数量：122%"、"大小：中"。

新建图层，选择"滤镜">"渲染">"云彩"命令，然后再选择"滤镜">"模糊">"动感模糊"命令，在其对话框中设定为"角度：0"、"距离：180像素"。

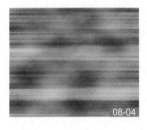

将该图层的混合模式设为"柔光"，即可出现漂亮且有斑点的图案。

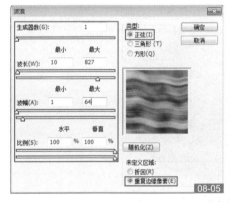

选择"滤镜">"扭曲">"波浪"命令，其对话框中的参数设定为"生成器数：1"、"波长：最小10、最大827"、"波幅：最小1、最大64"、"比例：水平100%、垂直100%"。

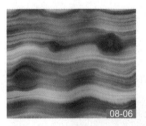

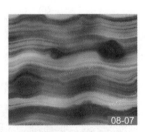

选择"滤镜">"扭曲"命令，适当加上波纹图案并使其变形。

使用模糊了70像素左右的画笔加上图像的重点——绿色。绘画时绘画色设为（R:60，G:95，B:70），画笔的"不透明度"设为30%。

9 完成气体行星

　　完成气体行星的步骤与淡蓝色行星基本一样，先创建一个圆形选区，然后应用"球面化"滤镜，最后删除选区周边的图像。

　　阴影部分也用与淡蓝色行星相同的方法制作，并调整为如图 09-01 所示的图像。

使用与淡蓝色行星部分完全相同的"球面化"滤镜、图层样式、阴影等，对气体行星进行调整。

09-01

10 制作气体行星的光环

制作行星的光环也一样先新建文件，然后使用渐变以及"波浪"滤镜、"旋转扭曲"和"添加杂色"滤镜进行进一步制作。

创建一个设定为"宽度：2 000像素""高度：2 000像素"、"颜色模式：RGB颜色"、"背景内容：白色"的图像，然后将绘画色和背景色设置为默认颜色，使用渐变工具从上往下绘制渐变。

10-01

按左图所示的设定执行"滤镜">"扭曲">"波浪"命令。
如果图像尺寸较小，则可以调整"波浪"对话框中的"波长"参数。

10-02

选择"滤镜">"扭曲">"旋转扭曲"命令，设定"角度：999度"，然后执行2次。
然后选择"滤镜">"杂色">"添加杂色"命令，设定"数量：25%"、"分布：高斯分布"，同时选中"单色"复选框，然后执行该操作。
最后选择"图像">"调整">"自动色阶"。

10-03

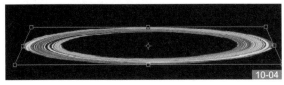

10-04

还要通过"编辑">"变换">"透视"命令以及"编辑">"变换">"缩放"命令来使光环变形，以产生远近感。
但本例中暂不变形，先将其保存起来。最后根据合成图像的大小和远近感，在使用之前再进行变形。

11 制作光线

制作光线与此前一样需要新建文件，然后再使用渐变以及"波浪"、"极坐标"滤镜进行进一步制作。

创建一个设定为"宽度：2 000像素"、"高度：2 000像素"、"颜色模式：RGB颜色"、"背景内容：白色"的图像，然后将绘画色和背景色设置为默认颜色，使用渐变工具从上往下制作渐变。

11-01

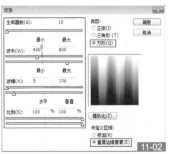

选择"滤镜">"扭曲">"波浪"命令，设定"波数：10"、"波长：最小400、最大800"、"振幅：最小5、最大100"、"比率：水平100%、垂直100%"，然后执行该操作。如果图像尺寸较小，则可调整"波浪"对话框中的"波长"参数。

11-02

在"亮度/对比度"对话框中设定为"亮度：25"、"对比度：90"。根据使用情况，也可以加上颜色。

11-03

12 合并所有部分

将此前制作好的"淡蓝色行星"、"气体行星"、"宇宙背景"和"光线"等合并起来，制作完整的图像，如图 12-01 所示。

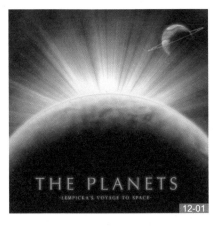

12-01

Case Study: 使用图形图层制作矢量艺术图像

The main function
主要功能：
色调分离
图形图层

Design Point
设计要点：
使用色调分离，掌握
图形图层

Difficulty
难易度：
★★★★★ 5

Sample Data
样本数据位置：
/Casestudy17/

原图像

∷ 知识点： 追求真实的同时进行艺术变形

　　作业过程中需要注意的是，制作本例要花费较多的作业时间、使用较多的图层，由于作业过程中图像可能会变得模糊，因此用户需要始终明确作业的目标。

　　具体作业时，要用一幅进行过色调分离的图像来做参考。如果完全按照色调分离的图像来绘制图形图层，就会产生与色调分离图像一样的视觉效果，使得作品没有任何特色。因此需

要注意这一点。

　　此外，如果简单地、大面积地对整个图像进行艺术变形，就会使图像在总体上失去紧凑感。

　　也就是说，必须让人物面部各部分带有层次感，皮肤部分在处理时要简单、大胆，眼睛与头发则需要细致地制作，这样才能实现令人印象深刻的视觉效果。

1 原图像的单纯化

　　首先要对原图像做好前期的准备工作，使其单纯化，人物面部更易于捕捉，然后再开始正式作业。

　　将原图像拖至"图层"面板下方的"创建新图层"按钮上，复制图像，然后对复制好的图层执行"图像">"调整">"色调分离"命令。色阶数较小时，图像将变得较为单纯，而如果色阶数较大，就会形成复杂、真实的图像。具体数值需要根据原图像来确定，不过设定一个恰当的色阶数对于今后的作业量以及图像品质会有很大的影响。

执行"色调分离"命令。总体上色阶显得较为均衡，作为描图的底图没有问题。

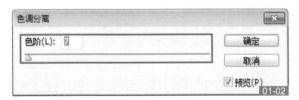

这里色阶数设为7。总体上图像的颜色数量减少，图像变得单纯，使得人物面部更易于捕捉。

如果将色调分离的色阶数设为4，色阶数就会过少，图像会变得过于单纯。

如果将色调分离的色阶数设为15，色阶数就会过多，图像会变得过于复杂。

2 描图的步骤（"图层"面板的构成）

　　本步骤是一边在画面上显示色调分离后的图像，一边描绘人物的面部。不过色调分离的图像只是一个参考，描绘时不必完全与其一模一样。而且即使按照图像来描绘，最后完成的矢量艺术图也只是与色调分离图像完全一样。因此描绘时用户需要在参考色调分离图像的基础上，大胆地描绘自己的线条。

　　首先将作为参考的色调分离图像图层的"不透明度"设为"50%"（见图 02-01），然后设定色调分离图像始终处于"图层"面板的最上面，在色调分离图像与原图像之间不断添加图形图层（见图 02-02 和图 02-03 ）。

　　作业过程中，由于图形图层的数量会不断增加，因此要将各部分分开放入组文件夹进行作业。

将色调分离图像图层的"不透明度"设为"50%"。

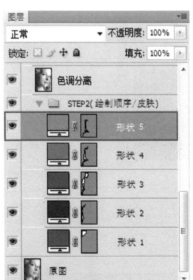

使色调分离图像始终处于"图层"面板的最上面。然后再在色调分离图像与原图像之间不断加入图形图层。

使最上面的色调分离图像处于半透明状态，在其下方创建图形图层，同时图形图层下面的背景图像也能看得见，因此描绘时可以同时参考两者。作业时将各部分分开，通过组文件夹进行整理。

3　描图的步骤（图形图层的编辑）

选择"钢笔工具"，确认钢笔工具的属性栏中选择了"形状图层"选项（见图 03-01），然后以图像为参考开始描绘。用钢笔工具单击图像，就会在"图层"面板中创建图形图层。此时图形图层中的颜色是绘画色（未选择其他图形图层时）或钢笔工具的属性栏中的颜色（选择其他图形图层时，即为该图形图层的颜色），对此用户可暂不理会，继续描图（见图 03-02），等到一条路径完成后，再修改颜色。此时单击钢笔工具的属性栏中的颜色块，即可打开设定颜色的对话框。此外，颜色的修改也可以在后面进行。

03-01

选择"钢笔工具"，确认其选项为"形状图层"，以色调分离图像为参考不断添加锚点，进行描绘。

03-02

设定"钢笔工具"属性栏中的"颜色"选项。编辑时可以先选择易于编辑的颜色，然后再在后面进行修改。

03-03

单击"钢笔工具"属性栏中的颜色块，即可打开设定颜色的对话框。在这里选择原图像的颜色，而不是比色图表。此时要将色调分离图像的图层设为不显示。此外，颜色的修改也可以在后面进行。

4　描绘皮肤部分

从作为脸部基础的皮肤开始制作，然后是头发、眉毛、眼睛、鼻子和嘴唇，按照各个部分分别进行制作。

首先从画面左侧阴影部分开始描绘，在阴影部分色彩较暗的图层之上逐步添加色彩明亮的图层。

04-01

从阴影部分开始描绘。在阴影部分色彩较暗的图层之上逐步添加色彩明亮的图层，直至完成。

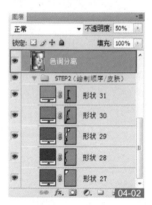

04-02

作为基础的皮肤部分完成。一共创建了31个图形图层。

5　描绘鼻子

鼻子与皮肤感觉很像，但它是面部凹凸感最为强烈的部分。如果为了实现这种凹凸感而创建很多图层，最终结果就会显得不自然。因此用户必须慎重地对颜色进行调整，以便营造出需要的效果（见图 05-01）。

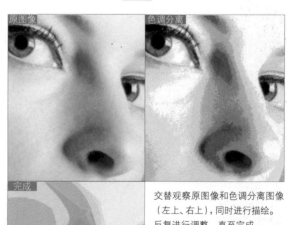

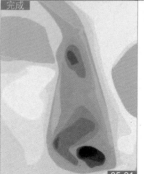

05-01

交替观察原图像和色调分离图像（左上、右上），同时进行描绘。反复进行调整，直至完成。

6 描绘左侧的头发

　　本步骤描绘头发。头发分画面左侧和右侧两部分，两者色彩和形状都完全不同，因此要分开处理。

　　先描绘左侧部分。如果一根一根地描绘头发，则作业将很难完成，而且图形图层的数量也会非常庞大（见图 06-01）。

　　因此这里使用其属性栏中的"添加到形状区域（＋）"，将颜色相同的头发合并在同一个图形图层进行描绘，这样后面的颜色调整也会更加容易（见图 06-02 和图 06-03）。

　　至于描绘的顺序，这里也从比较暗的阴影部分开始，然后依次将明亮的色彩描绘在上面的图形图层中。

　　描绘好一条路径后，单击"添加到形状区域（＋）"按钮。这样在描绘下一条路径时就不会新建图形图层，而是将画好的路径不断地添加至同一个图形图层中（见图 06-04）。

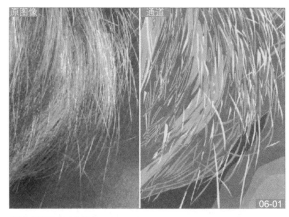

从较暗的部分开始描绘。

在同一个图形图层中描绘多条路径，不同的颜色分在不同的图形图层中。

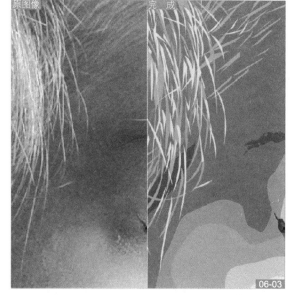

最后描绘最上面的高光部分。

尽管还只是左侧的头发，就已经使用了7个图形图层。而实际上创建的图形图层还要更多，只是在各个阶段进行了合并。

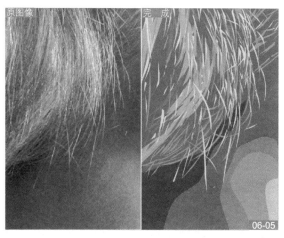

由于头发需要画得非常纤细，因此描绘时要以原图像为参考，而不是色调分离图像。

7 描绘眉毛

本步骤进行眉毛的描绘。基本的描绘方法与描绘头发相同，首先使用"添加到形状区域（＋）"按钮，将颜色相同的路径描绘在同一个图形图层中（见图 07-01 ）。

以色调分离图像为参考来描绘眉毛。

8 描绘嘴唇

嘴唇的描绘也与其他部分一样，既不能太逼真，也不能过于简单，同时也不能过分突出。特别是嘴唇在描绘时，要注意其光泽感，还要让嘴唇与皮肤的交界有一定程度的起伏。

这里如果只是简单的描绘，反而会让人觉得不自然，因此描绘时需要慎重（见图 08-01 ）。

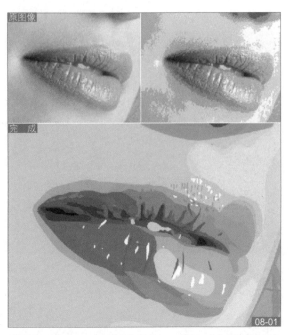

嘴唇部分也使用"添加到形状区域（＋）"按钮，颜色相同的尽可能描绘在同一图形图层中，这样在后面进行颜色调整时会更轻松。

9 描绘右侧的头发

与左侧部分的头发不同，右侧头发比较模糊，与背景融在一起。虽然用图形图层来表现模糊的物体有难度，但这里通过增加图形图层的数量和仔细描绘，并通过色彩来得到想要的效果。对于细节和形状难以捕捉的部分，使用自由钢笔工具就可以像用铅笔画线条一样迅速地完成路径的描绘。

此前的各个部分的图形图层都堆在"皮肤"组文件夹的上面，这次将右侧头发部分的图形图层放在"皮肤"组文件夹之下。由于这样与皮肤有接触部分的路径都可以隐藏在皮肤之下，因此能提高作业的效率。

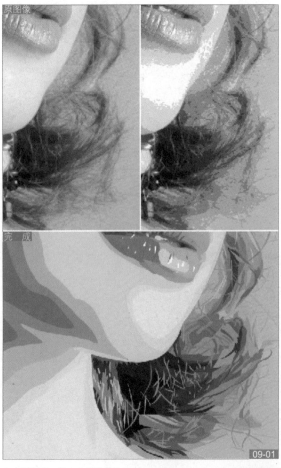

与左侧头发一样，右侧头发也需要细致地描绘。同时应以原图像为参考，而不是色调分离图像。

10 描绘眼睛

本步骤进行眼睛的描绘。基本方法与其他部分相同，不过毕竟眼睛是面部最容易抓住特征、最易留下印象的部位，因此，如果在描绘眼睛时出现差错，即使其他部位质量很高，作品在总体上也会下降1~2个档次。因此眼睛的描绘应该比其他部位花费的时间更长（见图 10-01 和图 10-02 ）。

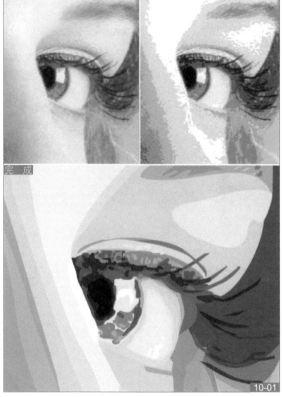

作业方法与其他部分基本相同。重要部位是眉毛与眼睛的交界之处，这里如果描绘得过于简单，就会显得不自然。

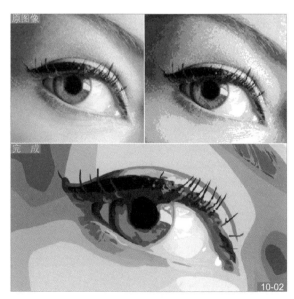

描绘眼睛时要与描绘嘴唇一样，注意表现出透明感。由于眼睛的描绘关系到整个图像的最终品质，因此所用时间应该比其他部位长。

11 完成

所有部位都描绘好后，图像即宣告完成。比较原图像和完成的图像就可以发现，矢量艺术图像并未描绘原图像中的耳环。但是并没有规定说必须完全地忠实于原图像，我们完全可以在参考原图像和色调分离图像的基础上按照自己的想法进行艺术加工，画出自己原创的线条。因为这毕竟是一幅艺术作品。

作业完成。这种矢量艺术画的关键就在于如何保持真实性与艺术变形的平衡。本例中在某种程度上追求了真实性。

这是最终的"图层"面板。分组归纳后看上去内容不多，而实际上作业过程中的图形图层数量非常庞大。

18

Case Study: 使用图层蒙版合并图像

The main function	***Design Point***	***Difficulty***	***Sample Data***
主要功能：	设计要点：	难易度：	样本数据地址：
图层 "径向模糊"滤镜	合并时要注意背景与车辆的位置 关系	★★★★★ 5	/Casestudy18/

:• 知识点： 总体的构图与倒影问题

本例的任务是将单独拍摄的车辆与快照拍摄的风景合并起来。作业中需要对车辆和风景进行加工，并尽早对合并后的倒影等进行调整。

合并后需要对不自然的部分进行仔细的修正。特别是影子和车身上的倒影，如何对它们做仔细的调整将是整个图像品质的关键。

此外，本例中用于修正倒影的方法在某种程度上比较简单，然而，倒影的制作不仅非常困难，而且耗费时间。因此，如果追求更加自然的效果，则直接到与合并场所非常相似的地方去拍照片将是最好的方法之一。

本例中需要对静止的车轮进行加工，使其看起来像是在转动。

当然，使车轮真的转动并将其拍摄下来也是方法之一，不过实际情况下这种方法往往很难实现。因此本例中将使用"径向模糊"滤镜进行有一定逼真效果的编辑。

:• 知识点： 作业时的图层构造

本例在编辑中共使用4个基本图层，分别为车辆、影子、路面和背景。除此之外，各图层均使用图层组，看上去比较简单。

之所以使用图层组，是为了防止在图层较多时，图层之间的关系变得非常复杂。

此外，本例中之所以图层数量较多，是为了进行最终的调整。在有一定的把握时，用户也可以减少图层的数量。

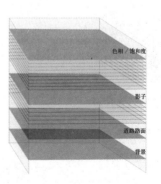

本例中图像的图层构造比较复杂，使用的图层较多（总图层数为18个）。

不过，实际作业并不需要这么多的图层数量。实际上，只要有车辆、影子和背景这3个图层，就可以完成编辑。

1　消除背景中不需要的物体

首先对背景中不需要的人物和颜色进行调整（见图 01-01）。画面左侧的人物要剪裁掉，图像总体色调要用"曲线"命令调整，并使用"色相/饱和度"命令来提高想要强调色彩的饱和度。

最后要使用"曲线"命令将建筑物的玻璃部分的对比度提高。加工后的图像如图 01-02 所示。

合成后风景中显得多余的图像要尽可能去除，不过车辆挡住的部分不需要去除。人物等可使用图章工具去除，颜色过于突出的部分要降低其饱和度，使其与周围的氛围吻合。

2　车辆颜色的调整与剪裁

车辆颜色的调整使用"曲线"命令和"色相/饱和度"命令。由于车辆以外的部分都不需要，因此全部剪裁掉。

映入车窗的背景可以在合并后进行处理，因此这里可暂时不动（见图 02-01）。

只要将车辆剪切出来就可以，不过这里在剪切车辆之前，先进行剪裁。修正多余背景的作业在后面说明。

3　背景与车辆的合成以及变形

这里要将车辆的图层拖动到背景图像上进行图像的合并。要将剪裁后的车辆放置在背景图像上，可在车辆的"图层"面板中拖动车辆图层缩略图至目的图像文件中。然后将此时产生的车辆图层重命名为"图层：车辆"（见图 03-01）。

原图像中的背景被车辆的背景挡住。这里先忽略细节，在注意总体氛围的同时进行调整。

放的位置不恰当时，远近感会显得不自然。因此要使用"编辑">"自由变换"命令进行调整（按住"Ctrl"键的同时拖动4个角的控制手柄，可使其自由变形）。

本例中先对背景图像做少许变形，然后再使车辆变形。

后面还要进行更加精确的变形，因此这里将形状调整到一定程度即可（见图 03-02）。

确认车辆的朝向以及景色的透视感是编辑的诀窍。

4　剪切车辆

这里要创建选区，然后通过对选区添加蒙版，消除车辆的多余部分。

具体作业为使用"钢笔工具"描绘剪切路径或者用"套索工具"等仔细地创建选区（见图 04-01），然后单击"添加图层蒙版"按钮，创建蒙版（见图 04-02）。

此时车辆可能看起来像是悬在空中，不过添加影子后就会比较自然，因此这里将车轮的位置变形为原来的状态。

使用"钢笔工具"描绘路径可以画出连续、平滑的线条，使用"套索工具"来选择也没有问题。

如左图所示，剪切比较成功。进行剪切编辑时，图像越大就越容易选择，相反，图像越小就越容易出现锯齿，剪切起来就比较困难。

5 制作车辆的影子

　　车辆的影子由于会反射到侧面，因此会有多个影子。本例中将创建4个影子图层，然后使用"画笔工具"直接画出影子。道路部分的修正将使用"曲线"命令来进行。如果需要根据影子来使车辆变形，则在制作影子之前或在制作途中让车辆变形。这里将使用"编辑">"变换">"变形"命令（见图 05-01 ）。

　　最后将影子图层的混合模式设定为"正片叠底"、"不透明度"设为50%（见图 05-02 ）。

之所以使用"变形"命令，是因为要使车辆朝向左侧。无法使用"自由变换"命令进行编辑时，对"变形"命令的有效使用可以让图像获得透视感。

05-01

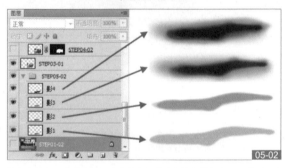

05-02

　　画好车辆影子的诀窍在于要注意车辆的方向和光的方向，同时还要注意与车轮的接触地面对齐。此外，模糊处理也不要一成不变，而是让其带有一定程度的凹凸，这样可以使影子看起来更加逼真。

6 车身上的倒影1

　　车身侧面的倒影不要完全删除，应予以保留并利用。为此先要选中有倒影的部分，并新建一个图层。选择"图层">"新建">"通过拷贝的图层"命令，创建一个名为"图层：车身倒影"的图层，并对其执行"滤镜">"模糊">"动感模糊"命令（见图 06-01 ）。

06-01

7 车身上的倒影2

　　这里准备倒影用的图像。

　　复制图层"车身倒影"，并命名为"车身添加"。此时粘贴上一些比较恰当的图像，将多余部分去除，并将图层混合模式设为"柔光"（见图 07-01 ）。

07-01

　　如果车是停着的就没什么问题，不过本例中车是开着的，因此需要修正。

　　对图层"车身添加"添加图层蒙版，使用画笔工具等将蒙版上不必要的部分涂黑，以遮挡不必要的部分。然后将该图层的"不透明度"设为25%左右，使画面更加自然（见图 07-02 ）。

　　最后按照与此前相同的设定执行"滤镜">"模糊">"动感模糊"命令。

07-02

　　倒影消失，大致能够看出车辆在朝哪个方向移动。

8 车身（玻璃）上的倒影

　　车窗中可见的风景需要从背景中置入。首先用"套索工具"等选中车窗中可见的风景并创建选区。

　　然后选中"图层：背景"，选择"图层">"新建">"通过拷贝的图层"命令，新建图层。新图层命名为"图层：窗"，并将其移动至"图层：车辆"上方。此时由于车窗中还留有合并前的风景，因此显得有些不自然，不过此时需要确认的是，车窗中应该看得见的风景此时是否清晰可见。步骤9还将对其继续进行加工（见图 08-01 ）。

08-01

　　上面是合成之前的图像，下面是合成之后的图像。可以看到后方背景的合成比较成功。

9 使背景透过车窗

　　复制的"图层：窗"的混合模式为"正常"时，车窗中会留有以前的风景，因此要将前挡玻璃的混合模式设为"滤色"，其余部分保持"正常"模式不变，但要用"亮度/对比度"命令提高亮度。

　　首先将前挡玻璃作为选区，选择"图层"＞"新建"＞"通过剪切的图层"命令创建图层，并将其命名为"窗1"，绘画模式继续保持为"正常"。

　　然后选中"图层：窗"，选择"图像"＞"调整"＞"亮度/对比度"命令，在打开的对话框中将"亮度"设为100，"对比度"设为-10，选中"使用旧版"复选框（见图 09-01 ）。

使背景变淡，可以让人感觉到这里有窗户。

10 车轮的转动1

　　图像中的车轮是斜的，在这种情况下，即使应用"径向模糊"滤镜，也无法获得满意的转动效果（见图 10-01 ）。

　　为此需要先将车轮变形至尽量接近圆形。变形之前，先做好导向（见图 10-02 ）。

　　选择"图层"＞"新建"＞"通过拷贝的图层"命令，将车轮剪切出来并创建图层，然后选择"编辑"＞"自由变换"命令，将车轮变形至接近圆形（见图 10-03 ）。

图层要建得稍大一些。应用"径向模糊"滤镜时，务必为正方形，并且要让车轮处于中心。

11 车轮的转动2

　　从变为圆形的车轮中心起，用"椭圆选框工具"创建一个稍大的圆形选区，然后选择"选择"＞"修改"＞"羽化"命令，将边界线模糊15个像素左右。

　　然后选择"滤镜"＞"模糊"＞"径向模糊"命令，使车轮转动（见图 11-01 ）。

　　然后将车轮返回步骤10之前的形状。将图层的不透明度设为50%左右，使车轮变形至原先形状，去除车轮以外的部分，并重新与"图层：车辆"合成。后轮也与前轮进行同样的处理。

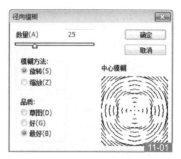

应用"径向模糊"滤镜花费时间较长时，可先将"品质"设为"草图"，执行操作并确认结果。如果结果满意，则停止操作，将"品质"设为"最好"后重新执行。

应用"径向模糊"滤镜的车轮图层不能直接与原图层合成。要在与原图像相比较的同时返回原来的形状，然后再合成。

12 背景等的微调整

　　最后对"图层：背景"应用"动感模糊"滤镜，以便使背景看上去显得有些模糊。

　　与近景相比，远景应该更模糊一些，因此变更为快速蒙版模式后，使用"渐变工具"从远至近描绘选区（见图 12-01 ）。

　　获得满意的渐变后单击"以标准模式编辑"按钮，使其成为选区，然后选择"滤镜"＞"模糊"＞"动感模糊"命令，此时在对话框中将"角度"设为6度，"距离"设为35像素。

　　最后进行车辆的浓度调整，并对图层"图层：窗"和"窗1""动感模糊"滤镜。至此整个作业完成。

19

Case Study: 使用"液化"滤镜使全身照片更修长

原图像

Photoshop
Design Lab

The main function
主要功能:
"液化"滤镜
图章工具

Design Point
设计要点:
考虑整体均衡,慎重修正

Difficulty
难易度:
★★★★★ 5

Sample Data
样本数据位置:
/Casestudy19/

:• 知识点: **考虑整体平衡的同时应用"液化"滤镜**

　　将肖像照片中的人物加工得更加修长的技巧有几种,其中最为重要的是对照片中的细节和整体必须认真观察,保证既不破坏照片的总体平衡,又能获得满意的美化效果。

　　"液化"滤镜是从Photoshop 7.0版本开始新增的工具,用于使图像变形,目前在肖像加工中已经不可或缺。此外,由于在作业过程中使用的是专用对话框,因此在应用"液化"滤镜时无法进行其他的作业。为弥补这一问题,可以充分利用将"液化"滤镜作业内容作为"网格数据"保存的功能。例如,在作业前保持原图像不动,只将需要加工的内容分成几块进行保存,然后通过对实际加工的模拟保证每一步加工切实可行。

　　本例中将反复进行"液化"滤镜和通常加工的界面切换。

　　加工过程中,如果人物的皮肤失去了质感,要想恢复至与加工前完全一样的效果是非常困难的,因此事先确定好加工的顺序也很重要。另外,此类作业在很多时候都使用绘图板,但实际上即使没有绘图板作业也能顺利完成。本例中将介绍不使用绘图板的作业方法。

　　"液化"滤镜属于破坏性编辑,不管最终能否获得满意的结果,原图像肯定会在编辑过程中被不断修改,因此必须在开始编辑之前做好原图像文件的备份。只要遵守了这条规则,编辑作业也会变得更加轻松、愉快。

　　另外,本例中除应用"液化"滤镜外,还要使用图章工具以及"扭曲"等。也就是说,在目标图像完成之前的各步作业中,并不仅仅局限于"液化"滤镜的使用,这一点对整个编辑来说非常重要。

确定
取消
载入网格(L)... 存储网格(V)...
工具选项
画笔大小: 256
画笔密度: 75
画笔压力: 40
画笔速率: 80
湍流抖动:
重建模式: 恢复
□ 光笔压力
重建选项
模式: 恢复
重建(J) 恢复全部(A)
蒙版选项
无 全部蒙住 全部反相
视图选项
☑ 显示图像(I) □ 显示网格(X)
网格大小: 中
网格颜色: 灰色
☑ 显示蒙版(K)
蒙版颜色: 红色
□ 显示背景(F)
使用: 所有图层
模式: 前面
不透明度: 50

1 修正面部，确定基准尺寸

为明确到底要将身材修正到什么程度，作为基准首先要将面部变得瘦长。这是后面使身材变得苗条时的基准，因此作业时要注意不要让面部的各部位出现扭曲。

首先复制要加工的原图像图层，并命名为"原图像"（见图 01-01 ）。

本例中几乎没有使用图层的编辑，图层所起的作用仅为原图像的确认和保存等。

然后选择"滤镜">"液化"命令，使面部更瘦长（见图 01-02 ）。

具体步骤为，先放大显示面部部分，选择"缩放工具"，按照图 01-03 做好设定。但画笔的大小要根据素材的尺寸调整。

然后，按顺时针方向如画圈一样依次单击图 01-03 中带圈标记的部分，各个点轻轻单击一次即可。所有点都单击过之后，再重复2~3圈。如果双眼之间看上去距离较大，要在眉毛之间单击1~2次。面部看上去显得稍小后，单击"存储网格"按钮，将作业状态保存起来。因为各个作业均需要保存，所以保存时可将其命名为"脸1.msh"，第二次以后依次命名为"脸1+脸2.msh"等，这样就可以知道哪个文件已经操作到了哪一步。

选择"滤镜">"液化"命令。本例中除画笔大小外，其他设定固定保持为"画笔密度：75"、"画笔笔压：40"、"画笔速率：7"。

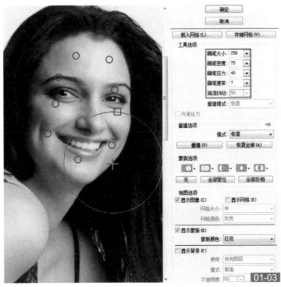

用稍大的画笔，以带圈标记的点为中心，一点一点单击下去，同时注意观察图像的具体情况。

下一步是将脸部轮廓向中心缩小。选择"左推工具"，"画笔大小"设为118。修改面部轮廓时，将画笔大小设为脸颊2倍左右，使画笔中心位于轮廓外侧附近，就能比较成功地完成处理。

从脸部右颊开始，按图 01-04 所示一点一点地缩小面部轮廓。

应用"液化"滤镜时，用户往往随手就从某一位置开始作业。但为了能按照计划顺利地完成作业，必须如上图所示，事先确定好每一个步骤。

可以发现拖动鼠标像素即向左移动，脸部就会变小。

按照图 01-04 中的箭头所示，先进行中心的作业，然后再到外侧作业是个技巧。各个作业要一点一点地逐步进行，并且按照从中心到外侧，然后再从中心到外侧的顺序逐步推进。

在保持脸部平衡不遭破坏的同时完成作业，如图 01-05 所示。

上图为修正后的图像。应该能看得出下巴的线条来了。需要注意的是，修正时如果过度，就会失去总体平衡，因此修正时不要追求一步到位，而是在认真观察图像整体的同时逐步推进。

2　手臂和手指的修正

下面进行手臂以及手指的修正。

与前面步骤相同，作业中要使用"褶皱工具"和"左推工具"，不过手指部分只使用"褶皱工具"。作业时按图 02-01 所示，各部分均使用稍粗的画笔一点一点地进行操作。

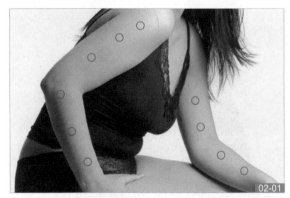

修正时要注意整个身体的均衡，同时不要将其修得太细。

修正手臂和手指使用比手臂稍细的画笔，并分左右进行，这样作业会比较轻松（见图 02-02 ）。

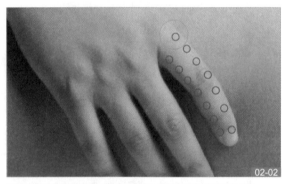

因为一般比较胖的人的手指也比较粗，所以手指的修正不容忽视。

对手臂进行作业时，要注意手腕也要相应地变细。

使用"褶皱工具"作业的过程中会出现如图 02-03 所示的不自然的形状。此时要选择"左推工具"，用稍小的画笔认真地进行修改。

手臂和手指的作业顺利完成后存储网格数据，进入下一步作业。

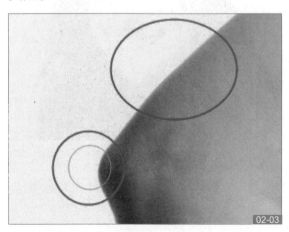

肘部过渡要显得自然，既不可弧度过大，也不能太尖。

3　腹部的修正

一般而言，从距脸部较近的部位开始作业是正确的做法，不过在对胸部进行修正之前，先稍微修正一下腹部会比较好，因此这里先对腹部以及腹部下方进行调整。

这部分作业也与之前一样进行，先使用"褶皱工具"做简单的处理，然后再使用"左推工具"处理腹部。

如图 03-01 所示，对腹部凸起部分进行处理，注意不要影响到腿的部分，作业过程中要交替使用"左推工具"和"褶皱工具"。

胸部下方作业也按同样方法进行处理，腰部也要在注意总体均衡的同时使腹部稍缩一些（见图 03-02 ）。

腹部的线条有点错综复杂，但修正时基本与其他部位作业相同，不过要注意不必追求一次性完成，而要在保持与其他部位平衡的前提下逐步进行处理。

4　腰和腿的修正

开始处理身体线条之前，还需要稍微修正一下腰部和腿部。这里基本不使用"褶皱工具"，只使用"左推工具"。作业时要小心细致，从而使腰部线条如图 04-01 所示。腿部也按同样的方法进行处理。

只在原先线条的基础上进行修正会显得非常不自然，不如直接修正出一条凹陷的曲线。

5　胸部的修正

对胸部进行修正时，首先要比之前更加大胆地使用"褶皱工具"进行处理，然后再使用"左推工具"进行细节的调整。

作业开始前一定要先明确到底要修正到什么程度。

如图 05-01 所示的线条就是作业的最终目标。

这里要修正的尺寸相当大，因此作业途中即使觉得有些不自然，也要大胆地继续进行处理。

6 腿部的修正

修正腿部时要注意腿部的粗细与身体线条的均衡。大腿下方使用"左推工具"进行作业。另外，膝盖内侧的锐角处理起来比较困难，这里先不对其进行处理，如图 06-01 所示。

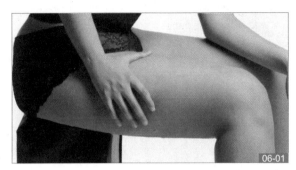

先使用"左推工具"和较粗的画笔进行大致修正，然后再使用细的画笔对有问题的腿部线条进行细节的调整。

7 轮廓的修正

"液化"滤镜对某些部分很难修正或者修正后其轮廓有点乱。这里全部使用图章工具进行修正（见图 07-01 ）。

同时，对于头发等不需要的部分使用图章工具将其去除（见图 07-02 ）。

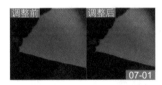

为了使线条流畅而用直线连接反而会显得不自然，特别是大腿部分，线条一定要平缓。

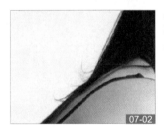

头发也是一样，不能因为不需要就随意去除，去除多了就会显得不自然。适度非常重要。

8 使用图章工具进行修正

这里对使用"液化"工具无法修正的、面积较大的部分进行修正。

对于如图 08-01 所示的使用"液化"工具很难进行修正的部分，可以使用图章工具进行处理。

由于对腹部进行修正可以使得臀部更加突出，因此需要对其进行修正。
当然，这里并不局限于使用"液化"工具，而是使用图章工具等各种各样的工具。

首先新建图层，并使用图章工具制作皮肤纹理，将要去除的部分覆盖。

然后，选择需要的部分创建选区，再将其反选，去除不要的皮肤纹理。

另外，由于内衣边缘部分偏薄，因此使用减淡工具进行调整，使内衣看起来像是绕到里面（见图 08-02 和图 08-03 ）。

首先用图章工具将皮肤的纹理复制到新图层上。

用"钢笔工具"创建选区后，可以轻松地画出流畅的线条。将"减淡工具"透明度设定为10%~20%，然后反复使用画笔进行调整。

9 总体形状的修正

身体变得苗条了，不过手和腿还有点偏长，因此这里使用"编辑">"变换">"变形"命令对其进行修正。

使用"变形"命令时以腿为中心进行修正，使其变短，如图 09-01 所示。

本例中部分性的修正相当多，有时会失去总体均衡。此时可使用"变形"来修正身体线条。

10 脸部的修正

由于此前的处理使得身体比脸部更显瘦长，因此作为最后的调整，要用"液化"滤镜对脸部再做一些修正。修正的方法与此前基本相同，不过由于后面已经不再用"液化"滤镜了，因此这里可以调整人物的面部表情，直至获得满意的效果。同时除了脸部外，头发也要进行修正。具体是将头发上边缘再提高一点，然后修改两边的尺寸（见图 10-01 和图 10-02 ）。

由于脸部还有些偏大，因此要考虑与总体的均衡和明确加工多少。

这是最后的调整，因此要用比之前稍小的画笔，在调整时要注意总体的平衡。

20

Case Study: 通过合成制作特技电影海报

The main function
主要功能：
自由变形
图层的混合模式

Design Point
设计要点：
使用身边的事物绘制新的形状

Difficulty
难易度：
★★★★★ 5

Sample Data
样本数据位置：
/Casestudy20/

原图像

❖ 知识点：利用各种素材进行编辑

　　本例要将我们身边的素材组合起来使用，以再现20世纪70年代至80年代特技电影较为夸张的海报效果。

　　由于各个部分在拍摄时并未考虑到合成，因此有些地方显得不自然。但可以通过对各个部分的色调进行调整，实现图像总体的统一感。雷电部分等要把图像复制后盖在上面，然后再将其图层混合模式设为"叠加"，从而突出明亮的部分，同时强调较暗的部分，以使最终的图像对比强烈，具备震撼效果。

　　这样一来，某些细节上的问题以及在现实中觉得奇怪的部分就不再引起人们的注意，图像总体就有了相当震撼的视觉效果。

3个图层重叠的效果在本例中有几处，只需通过叠加将相同的图像简单地重叠起来，即可获得对比强烈的图像。同时，除叠加以外，其他的图层混合模式或许也是不错的选择。

1 UFO的合成（素材的选择和剪切）

　　首先要利用各种各样的素材，把它们的图像剪切，然后合成起来，从而制作UFO。一些很普通的日常用品通过扩大、缩小和变形，或者说换个视点观察后，都可以得到有效的利用。

　　用"钢笔工具"对各个素材进行描绘，然后描绘要使用的部分，描绘时要保留一定的余量。单击"路径"面板中的"将路径作为选区载入"按钮载入选区，然后对载入的选区选择"图层" > "新建" > "通过拷贝的图层"命令，将其复制到新图层中。

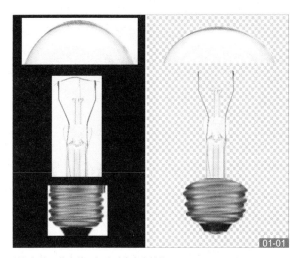

剪切灯泡图像中的一部分，作为素材使用。

剪切垃圾桶图像中的一部分，作为素材使用。

将大楼图像中的窗户剪切下来，作为素材使用。

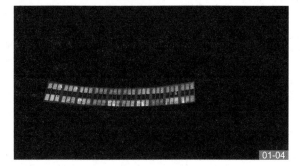

使用"曲线"和"色相/饱和度"命令等，使剪切下来的窗户部分发光。

2 UFO的合成（素材的合成）

　　下面要将剪切下来的各个部分组合起来，然后分别把不同文件中剪切下来的素材置入到同一个文件中。

　　开始时可以先大致地组合一下，然后再使用"自由变换"命令对形状和大小进行调整。

　　灯泡的玻璃部分用做UFO的上部，同时旋转180°后还能用在UFO下部。灯泡的插口部分可以放在下部玻璃的上方，中间的灯丝可以当做天线。垃圾桶的盖子旋转180°后可以作为圆盘，桶底可以作为UFO上部的边缘。大楼的窗户左右旋转并复制以后，可以作为UFO的窗户。

选择"编辑" > "自由变换"命令，对剪切下来的素材进行调整。

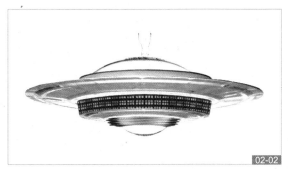

使用"自由变换"命令将各部分素材组合好后，即可获得UFO的形状。

3　UFO的合成（色彩调整）

　　形状制作好以后，下一步调整色彩。这里假定UFO的质地是坚硬的银质金属。

　　使用"色相/饱和度"命令降低UFO总体的饱和度，将颜色调整为接近灰色。同时使用"亮度/对比度"命令提高对比度，以营造出坚硬金属的质感。

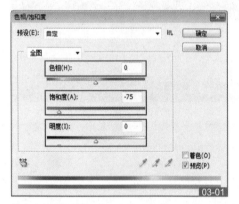

营造出坚硬的质感。在"色相/饱和度"对话框中设定为"色相：0"、"饱和度：−75"、"明度：0"。

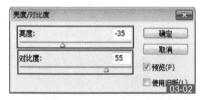

将UFO色彩调为灰色。在"亮度/对比度"对话框中设定"亮度：−35"、"对比度：55"。

降低亮度，提高对比度，从而营造出UFO坚硬的金属质感。

　　完成总体色彩调整以后，下面调整窗户部分。将刚才调整的调整图层的图层蒙版中的窗户部分用黑色的画笔涂抹，使得这一部分不受调整图层的遮挡，然后开始对窗户部分进行调整。

　　使用"色相/饱和度"命令提高饱和度，使其发光（见图 03-04 ）。并且使用"亮度/对比度"命令提高对比度，使得窗户部分发光的感觉更加强烈（见图 03-05 ）。

　　然后将这些调整图层设为剪贴蒙版，并将这些调整图层反映到"窗户"图层中（见图 03-06 ）。

　　最后调整色相，将颜色调为黄色或绿色，再提高饱和度，使得窗口发出的光看上去像萤光（见图 03-07 ）。

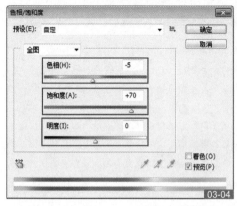

提高UFO窗口部分的饱和度，使其发光。在"色相/饱和度"对话框中设定"色相：−5"、"饱和度：+70"、"明度：0"。

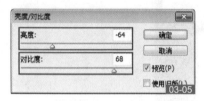

提高对比度，使窗口的发光更加强烈。在"亮度/对比度"对话框中设定"亮度：−64"、"对比度：68"。

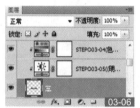

将上述色相/饱和度和亮度/对比度调整图层设为剪贴蒙版，使用至窗口部分。

窗口部分发光后，UFO即可完成。

4　背景的合成（天空的剪切和雷电的合成）

　　将大楼远景图像中的天空部分剪切下来（见图 04-01 和图 04-02 ）。

选择大楼图像时，为了便于清除背景，要选择没有云彩的图像。

剪切大楼远景的天空部分。

在剪切下来的大楼图像的后方加上雷电的图像。合成时要让雷电的下方隐藏在大楼后面，并使用"编辑"＞"自由变换"命令调整图像的尺寸，以突出画面中的雷电（见图 04-03 ）。

在大楼后方加上雷电的图像，需要注意总体均衡。

这样背景部分的基础就已经完成了，下面剪掉画布。使用工具箱中的"裁剪工具"像图像一样将其剪切下来（见图 04-04 ），剪切时注意天空与大楼之间的均衡。

使用裁剪工具将图像剪下来。

5　背景的合成（云的合成）

在大楼和雷电的图像之上，再添加云的图像。有了厚厚的云层后，天空会显得更加逼真。云的图像添加后，要添加图层蒙版，然后用渐变工具在图层蒙版上绘制黑色的渐变，使云的下方更加协调（见图 05-01 ）。

将云彩素材用于背景。

将云的图像复制2次。将云的图层拖动至"图层"面板下方的"创建新图层"按钮上，并将复制好的云图层移动到画面上方，将3个图层的云图像错放位置，营造出云层的厚度。然后分别取消与图层蒙版的链接，在左右方向上调整，使云彩的重叠显得更自然（见图 05-02 和图 05-03 ）。

将同样的云彩复制2次，然后重叠起来，营造出云层的厚度。

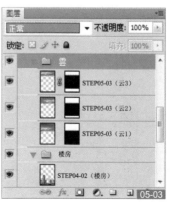

虽然云彩的素材是相同的，不过通过图层蒙版将其轮廓模糊，并左右错开（取消与图层蒙版的链接）后，就会出现差异，显得比较协调。

6 背景的合成（色调的调整1）

下面调整背景图像的总体色调。注意"云1"、"云2"和"云3"图层的调整各自不同。

最下面的"云1"图层混合模式设为"滤色"，中间的"云2"图层混合模式设为"叠加"，然后通过"曲线"命令调整，加强红色与黄色。

最上面的"云3"图层混合模式设为"滤色"，然后用"曲线"命令调整，加强红色与黑色（见图 06-01 ）。

设置各个图层的混合模式，"云1"设为"滤色"，"云2"设为"叠加"，"云3"设为"滤色"。

7 背景的合成（色调的调整2）

复制最下面的雷电图层，对复制好的图层执行"滤镜" > "模糊" > "高斯模糊"命令，并将其图层混合模式设为"叠加"，然后复制该图层（见图 07-01 ）。

复制雷电图层，使其模糊后，通过将图层混合模式设为"叠加"使图层重叠，这样光亮就会变得更强烈，背景就会有深度。

此时图像已具备相当的视觉震撼效果。最后再调整一下大楼的色调，使用"曲线"命令，使大楼看上去更协调（见图 07-02 ）。

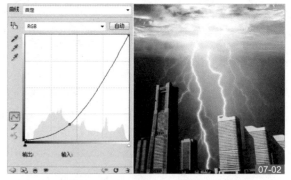

使用"曲线"命令调整大楼的色彩。由于图像原先偏蓝、偏亮，因此降低亮度，去除蓝色调，使其更加协调。

8 背景的合成（色调的调整3）

使用调整图层中的"全部涂成"将画面总体涂成茶色，然后将图层混合模式设为"叠加"（见图 08-01 和图 08-02 ）。此时画面总体由红色和橙色的暖色色调统一，背景部分制作完成。

通过调整图层中的"全部涂成"涂成茶色，再将图层混合模式设为"叠加"，使整个背景的色调统一。

背景部分混合完成。可以发现此时图像的效果已经相当震撼。

图层的数量已经增加了不少，这里稍微整理一下。可将各个部分分别存至各自的文件夹，同时文件名称等要一目了然（见图 08-03 ）。

背景图像基本完成，这里整理一下图层，分别存至各自文件夹。文件夹还可以分组，存放在更大的文件夹里。整理时各级文件的名称等要一目了然。

9 　总体的合成（加入UFO并调整大小）

　　最后要插入一开始制作的UFO图像。插入时从窗口中拖动较为简便（按住"Shift"键的同时拖动，会插入图片的中央）。由于文件夹已经分组，因此各组文件夹很简便地就能合并（图层控制菜单中的"合并图层"命令）。然后选择"编辑">"自由变换"命令调整大小和位置，保持画面的总体均衡（见图 09-01 ）。

　　然后再使用"曲线"命令对UFO的色彩进行调整，使其与背景协调（见图 09-02 ）。

插入UFO，并调整大小和位置。

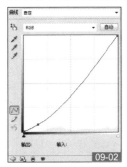

调高红色，绿色也稍微调高，降低蓝色，使其总体的色彩接近于橙色，保持与背景的协调。

10 　绘制光束（渐变）

　　新建图层，在渐变工具的属性栏中选择"对称渐变"选项，将画面从上至下涂成黄色或橙色的渐变。然后再选择"编辑">"自由变换"命令调整形状。此时为了查看画面中的均衡情况，暂时将不透明度降低（见图 10-01 和图 10-02 ）。

在渐变工具的属性栏中选择"对称渐变"选项，背景色为（R:226，G:110，B:27），绘画色为白色。然后在"渐变编辑器"对话框中将颜色条从左至中心设定为橙色至白色，从中心至右设定为白色至橙色。

新建图层，绘制渐变色，然后选择"编辑">"变换">"透视"命令，将上部在左右方向上聚焦，并使用"缩放"命令在上下方向上收缩。

11 　绘制光束（变更光源）

　　将光束的图层移动至作为背景的大楼图层组下面，然后向该光束的图层添加图层样式，单击"图层"面板下方的"添加图层样式"按钮，在弹出的菜单中选择"外发光"命令，并进行设定。在外侧描绘红色的光，并将其混合模式设为"叠加"。

光束应该看起来比大楼远，因此先要将光束的图层移动至大楼图层组的下面。另外，如果前一步中光束的尺寸过大或过小，远近感就会变得很奇怪，此时需要回到前一步，重新调整其尺寸。

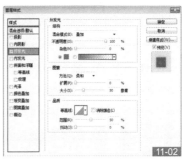

使用图层样式中的"外发光"。"结构"设定为"不透明度：100%"，黄色至橙色的渐变外侧设为红色。"图素"设定为"方法：柔和"、"大小：50像素"、"品质"设定为"范围：50%"。

将左边图像中光束部分的混合模式设为"叠加"，右边图像为设置后的效果图像。

12 　总体色彩的调整

　　最后在"图层"面板的最上面添加一个填充图层，将其"不透明度"设为40%，图层混合模式设为"叠加"；使图层总体带上深红色。至此，整个图像制作完成（见图 12-01 ）。

调整图像的总体色调。在"图层"面板最上方添加一个填充图层，将其混合模式设为"叠加"，对所有图层执行操作。